新型职业农民科技培训教材

无公害蔬菜标准化生产技术

主　　编　曾必荣　严　群
参编人员　叶宇光　张　兵　陈　玲

电子科技大学出版社

图书在版编目（CIP）数据

无公害蔬菜标准化生产技术 / 新型职业农民科技培训教材编委会编. —成都：电子科技大学出版社, 2012.7（2017. 10 重印）
新型职业农民科技培训教材
ISBN 978-7-5647-1243-3

Ⅰ. ①无… Ⅱ. ①新… Ⅲ. ①蔬菜园艺－无污染技术－技术培训－教材 Ⅳ. ①S63

中国版本图书馆 CIP 数据核字（2012）第 153514 号

新型职业农民科技培训教材

无公害蔬菜标准化生产技术

《新型职业农民科技培训教材》编委会　编

出　　版：电子科技大学出版社（成都市一环路东一段 159 号电子信息产业大厦　邮编：610051）
策划编辑：辜守义
责任编辑：辜守义
主　　页：www.uestcp.com.cn
电子邮箱：uestcp@uestcp.com.cn
发　　行：新华书店经销
印　　刷：成都市火炬印务有限公司
成品尺寸：130mm×195mm　　印张 3.5　　字数 75 千字
版　　次：2012 年 8 月第一版
印　　次：2017 年 10 月第十次印刷
书　　号：ISBN 978-7-5647-1243-3
定　　价：6.80 元

新 型 职 业 农 民 科 技 培 训 教 材

编委会

编者的话

为贯彻落实中央1号文件和全国农业科技教育工作会议精神，加快培育新型职业农民，推进现代农业发展，保障国家粮食安全和主要农产品有效供给，“以传播农业知识，提高农民素质，促进农业生产，增加农民收入”为宗旨，我们组织有关职业技术院校的涉农专业教师和长期从事农业技术推广工作的资深专家，编写了这套具有较强针对性和实用性，又便于农民朋友学习、提高的培训教材，供各地开展新型职业农民培训时选用。

该套教材采用了国家最新标准、法定计量单位和最新名词、术语，并注重行业针对性和实用性，力求做到内容浅显易懂、图文并茂，让农民朋友易于学习、掌握。该套教材共涵盖种植、养殖、加工、农产品安全等四个大类，共20多种，是目前国内同类教材中最新的一套培训系列教材。

由于编写时间较为仓促，教材中难免存在不足和错误，诚望各位专家和广大读者批评指正。

《新型职业农民科技培训教材》编委会

2012年7月

目　录

第一章
豇 豆

一、品种选择

豇豆在成都地区主要有春播夏收和夏播秋收两大栽培季节。根据栽培目的选择使用抗病、丰产、优质、商品性好的品种。目前推荐使用品种：

春提早——成豇3号、成豇4号、之豇特早30、之豇28-2等早熟品种。

春播夏收——成豇1号、之豇28-2、之豇84、高产4号等品种。

夏播秋收——成豇1号、成豇3号、春秋红、秋豇512等品种。

种子质量符合GB8079的要求。

二、播种育苗

1. 种子处理

种子晾晒；播前晒种1~2天，严禁暴晒。根据情况，选用下述方法进行种子处理。

(1) 温汤浸种：用种子重量的5~6倍的55℃的热

水浸种，期间不断搅拌，待水温自然下降到20℃～25℃（约10分钟）再浸种1～2小时，滤净水分，直播或催芽育苗。

（2）药剂处理：用种子重量的3%的50%多菌灵可湿性粉剂拌种（防治枯萎病和炭疽病）；或用硫酸链霉素500倍液浸种4～6小时（防治细菌性疫病）。

2. 播种期和播种量

（1）成都地区春播夏收豇豆一般3月初育苗移栽或直播，有保护设施的春提早栽培可于2月中旬播种；夏播秋收则于6～7月育苗移栽或直播。

（2）一般直播每穴播3～4粒种子，拔出病虫、弱株，每穴留2～3株苗，每亩用种量1.5～2.0千克；育苗移栽每亩用种量1.0～1.5千克。

3. 育苗土配制

用3年未种过豆类蔬菜的熟土或风干后的稻田土7～6份与筛细的充分腐熟有机肥3～4份混匀后做育苗营养土，并按营养土重量的0.1%～0.2%加入过磷酸钙。

4. 育苗方式

宜采用穴盘、营养钵等护根措施培育壮苗。

5. 苗期管理

（1）水分管理：播种时应浇透水，以后根据天气情况浇水。

（2）温度管理：播种至出土温度控制在白天25℃～30℃，夜间16℃～18℃；秧苗出土后，温度控制在白天20℃～25℃，夜间15℃～18℃；定植前2～3天进行炼苗，白天20℃～23℃，夜间10℃～12℃。

6. 苗龄

豇豆苗龄不宜太长，一般15～20天。

7. 壮苗标准

子叶完好，第一片复叶显露，无病虫害。

三、定植

1. 整地施肥

(1) 地块选择：选择土层深厚、排水良好、保水保肥、且2～3年未种过豆类蔬菜的地块。

(2) 整地：深耕25～30厘米，炕土7～10天。

(3) 施肥开厢：根据土壤肥力、目标产量和品种特性确定用肥量。一般亩施用腐熟有机肥1000～1500千克、过磷酸钙35～50千克、尿素10千克、硫酸钾10～15千克，混合施用。一般2/3撒施，1/3沟施。深翻25～30厘米，按1.4米（包沟）开厢。提倡采用地膜覆盖栽培，使用地膜的应适当加大底肥比例。

2. 保护地栽培

成都地区早春气温偏低，春末夏初气温回升快，应尽可能采用保护地栽培。可选择：地膜覆盖栽培；小拱棚套地膜覆盖栽培或大、中棚套地膜覆盖栽培，以促进早熟、丰产。

3. 合理密植

一般亩栽约1600～2300穴，每穴3株，即每亩约5000～7000株。

四、田间管理

1. 肥水管理

一般在现蕾开花前不施肥，根据天气情况适当浇水。进入开花结荚时，及时施用肥水，每隔 3 天浇水一次，保持厢面湿润；4 ~6 天追肥一次。在第一个采收高峰过后，可重施一次“翻花肥”，以促使其翻花。整个生长期追肥应掌握先淡后浓的原则，在生长盛期不可缺水缺肥，以免造成落花落荚。生长期中还可用 0.1% ~ 0.2% 的尿素和磷酸二氢钾 800 ~1000 倍叶面喷洒 2 ~3 次，以促进侧枝和新花芽的发育。初花期还可用 0.1% 硼肥溶液喷施，半月一次，共 1 ~2 次。

2. 整枝搭架

（1）及时理蔓：第一花序以下的侧枝，应尽早彻底摘去；侧枝在保留 2 ~3 片叶时摘心；主蔓爬顶后及时摘心，促进侧枝花芽形成，蔓叶过旺时，应摘去部分叶片，保证通风透光。

（2）搭架引蔓：豇豆抽蔓时及时用细竹竿插架，一般采用“人”字架或“牌坊”架。引蔓宜在晴天下午进行，雨后不宜搭架。

五、病虫害综合防治

1. 农业防治

选用高抗多抗品种；实施轮作；培育适龄壮苗；采用深沟窄厢地膜覆盖栽培；合理密植；设施栽培控制温度，适当肥水调整湿度；及时整枝；拔除病重株；清洁田园；深翻炕土，减少病虫源；科学施肥。

2．物理防治

频振式杀虫灯诱杀害虫；田间悬挂黄板诱杀蚜虫、潜叶蝇等；田间铺银灰膜或悬挂银灰膜条驱避蚜虫；人工摘除害虫卵块和捕杀害虫等。

3．生物防治

保护和利用自然天敌。选用植物源农药、微生物、农用抗生素等生物制剂防治病虫害。

4．化学防治

严格按照 GB/T8321 和 DB51/337 要求执行。当病虫害发生达到防治指标（适期）时，宜选用高效、低毒、低残留农药进行喷雾，根据病虫害情况间隔 7 ~ 10 天再交替使用农药 1 ~ 2 次，使用农药后必须达到安全间隔期再采收产品。不使用国家和省、市规定禁用的高(剧)毒、高残留农药。建议使用 PB—16 型或 WS—16 型手动喷雾器、新型背负式机动喷雾喷粉等新型施药器械。

六、采收及采后处理

1．及时采收

开花后 10 天左右，豆荚符合市场要求时，及时采收。采收时，不能损伤同一花序的其他花蕾；盛花期每 1 ~ 2 天采收一次。采收所使用的工具应清洁、卫生。

2．采后处理

采摘后剔除病、虫、伤豆荚，达到外观整洁，清洗用水应符合饮用水的要求。根据产品用途（鲜食或加工)、长短、色泽等进行分级包装，包装贮存容器要求光洁、平滑、牢固、无污染、无异味、无霉变，避免二次污染。包装技术按 GB/T10158 规定执行，产品质量符合 DB51/335 要求。

第二章
茄　　子

一、品种选择

选用抗病、优质、丰产、商品性好、适应市场需求、耐贮运的品种。春提前栽培选择耐低温弱光，对病害多抗的品种；秋延后栽培选择耐热、耐湿、抗病品种。目前早熟品种有三月茄、蓉杂茄1号、蓉杂茄2号等；中晚熟品种有竹丝茄、墨茄、种都万吨茄等。种子质量符合GB16715.3的要求。

二、播种育苗

1. 种子处理

选用包衣处理，未包衣种子可根据情况选择下述方法进行处理。

（1）温汤浸种：用种子量5~6倍55℃的热水浸种，期间不断搅拌，待水温自然下降到30℃左右（约15分钟）即可，主要是防疫病、炭疽病。

（2）干热处理：将含水量10%以下的种子放在70℃的恒温箱内处理72小时（防病毒病）。

（3）药剂处理：根据需要选用下述方法进行药剂处理，凡用药液浸种后，种子均要捞入清水中，搓洗干净后方可催芽或播种。

①用10%磷酸三钠溶液（或0.1%高锰酸钾溶液）浸种20分钟（防病毒病）。

②先将种子在冷水中预浸10~12小时，再用1%硫酸铜溶液浸种5分钟、或用50%多菌灵可湿性粉剂500倍液浸种1小时或用普力克水剂800倍液浸种30分钟（防疫病、炭疽病）。

2．育苗土准备

（1）育苗土配制：用3~5年未种过茄科蔬菜的熟土（或用风干后的稻田土）7~6份与3~4份腐熟并筛细的有机肥混匀做育苗营养土，并按营养土重量的0.1%~0.2%加入过磷酸钙。

（2）苗床土消毒

①高温消毒：夏季高温季节密闭棚室7~10天，可杀灭土壤中部分病原菌，对猝倒病、立枯病、枯萎病等多种病害有预防作用。

②药剂消毒：选用适宜无害化生产的苗床消毒剂。如50%多菌灵可湿性粉剂与65%代森锌按1:1混合，每平方米苗床用混合药8~10克与20千克左右的半干细土混合，播种时2/3铺苗床中，1/3盖在种子上。

3．育苗方式：根据条件和栽培目的，可采用大、中棚冷床或电热温床、酿热温床育苗。宜采取穴盘、营养钵等护根措施。

4．适时播种：根据不同育苗方式、栽培措施（露地或保护地）以及气候条件，选择适当时间及时播种育苗。一般春早熟栽培的塑料棚覆盖冷床育苗于9月下旬至10月上旬播种，温床育苗的可于11月下旬至12月上旬播种；秋季栽培的则于6月份播种，应采用遮阳网覆盖，避雨、遮阴育苗。

5. 苗期管理：采用温床育苗，发芽期间床温保持在25℃~30℃；苗出齐后，床内温度保持在日温22℃~25℃，夜温15℃~18℃为宜。当床内温度较高，达到30℃时，须通风降温，以防烧苗，床内干燥时，宜浇温水。育苗期间可进行1~2次假植，逐步加大苗距。定植前须通风炼苗，为定植做好准备。

采用冷床育苗一般在11月上旬茄子幼苗两叶一心时，进行一次假植，苗距10厘米左右。11~12月注意通风降湿，防止徒长。12月至次年2月上旬，以保温为主，但仍须控制苗床湿度，防止苗期病害发生。

定植前须通风炼苗。为定植做好准备。苗期主要病害：如苗期猝倒病、立枯病，可根据情况于发病初期选用粉尘剂型杀菌剂喷粉，或烟熏剂型杀菌剂熏烟，或用65%代森锌可湿粉剂500倍液，或用50%托布津可湿性粉剂1000倍液喷雾等。

三、定植

1. 整地施肥

(1) 地块选择：尽量选择土层深厚、排水良好、保水保肥的土壤，且3~5年未种过茄科蔬菜的地块定植。

(2) 整地：深耕25~30厘米，炕土7~10天。

(3) 结合整地施足底肥、开厢盖膜：一般亩施用充分腐熟有机肥 3000～5000 千克、过磷酸钙 50～100 千克、硫酸钾 10～15 千克，或按上述无机肥用量折算养分含量选用复混肥。地膜覆盖栽培的可适当加大底肥的用量。采用深沟窄厢栽培。

2. 采用保护地栽培

因四川大部分地区早春温度偏低，且春末夏初气温回升快，故而早熟品种应提倡保护地栽培。可选择：地膜覆盖栽培、小拱棚套地膜栽培、大、中棚套地膜栽培等栽培方式。进行地膜覆盖栽培采用 1.5～1.65 米宽的厢（包沟），厢沟深 22～30 厘米（逐步培土后沟深达 30 厘米），定植并施足底肥，盖好地膜，也可栽后盖膜。秋延后栽培提倡遮阳网覆盖栽培。

3. 适时定植，合理密植

(1) 适时定植：露地栽培的可于 3 月下旬至 4 月上旬，气温稳定通过 12℃时定植，保护地栽培的可提前到 2 月份定植。

(2) 合理密植：每厢栽两行，早、中熟品种株距 35～45 厘米；中、晚熟品种株距 40～50 厘米。

四、田间管理

1. 肥水管理

地膜覆盖栽培的前期一般不追肥，只在后期适量追肥。露地栽培定植缓苗后，结合浇水，施腐熟的稀薄粪肥；苗高 30 厘米时用 30% 腐熟有机肥，每 7 天施一次；第一台果膨大时重施腐熟有机肥 4000 千克，并加尿素 5

千克；以后每10天左右再施一次腐熟有机肥，后期每采收一次便追施一次30%的腐熟有机肥，整个生长期共追肥6~7次。结合追肥灌水，灌水水质应符合DB51/336的要求。禁止大水漫灌，提倡喷灌、滴灌、膜下灌溉。

2. 中耕培土

雨后待土半干半湿时中耕，植株高30厘米时结合中耕，进行培土。

3. 整枝摘叶

早熟栽培适度整枝，留主干与1~2个分枝，在植株生长过程中，及时摘除基部老、黄、病叶，以利于通风和植株生长。

4. 保花保果

早熟栽培的在开花结果早期注意保花保果，增加前期产量。

五、病虫害综合防治

1. 农业防治

选用抗（耐）病品种；实施轮作；培育壮苗；采用深沟窄厢栽培；合理密植；及时拔除病重株；清洁田园；深翻炕土，减少病虫源；科学施肥。

2. 物理防治

频振式杀虫灯诱杀害虫；田间悬挂黄板诱杀蚜虫、潜叶蝇等；田间铺银灰膜或悬挂银灰膜条驱避蚜虫；人工摘除害虫卵块和捕杀害虫等。

3. 生物防治

保护有益生物。选用植物源农药、微生物、农用抗生素等生物制剂防治病虫害。

4. 化学防治

严格按照 GB/T8321 和 DB51/337 要求执行。当病虫害发生达到防治指标(适期)时，宜选用高效、低毒、低残留农药进行喷雾，根据病虫害情况间隔 7～10 天再交替使用农药 1～2 次，使用农药后必须达到安全间隔期再采收产品。不使用国家和省、市规定禁用的高（剧）毒、高残留农药。建议使用 PB—16 型或 WS—16 型手动喷雾器、新型背负式机动喷雾喷粉等新型施药器械。

六、采收及采后处理

1. 及时采收

根据市场需求和茄子自然商品成熟度，及时分批采收，采收过程中所用工具应清洁、卫生、无污染。

2. 采后处理

剔除病、虫、伤果，产品要清洗干净，清洗用水应符合饮用水的要求。根据产品大小进行分级包装，应避免包装、运输、贮藏中的二次污染。包装技术按 GB/T10158 规定执行。产品质量应符合 DB51/335 要求。

第三章
辣 椒

一、品种选择

选用抗病力和抗逆性强、优质、高产、商品性好、适合本地种植、适应市场需求的品种。目前菜椒品种主要有：湘研系列（2 号、3 号、8 号、9 号、13 号）、湘辣1 号、川椒 B 特早、种都系列（3 号、4 号、5 号）等；干椒品种主要有：二荆条、二荆条新一号、九香、千惠、特辣、长香早尖等；泡椒品种主要有：二荆条、九香、天宇 3 号、墨西哥泡椒等。种子质量符合 GB16715. 3 的标准。

二、播种育苗

根据环境条件和栽培目的，在大、中棚冷床或温床育苗，宜采用穴盘、营养钵等护根措施育苗。每 10 平方米苗床播种量 75 ~100 克，可定植 1 亩。

1. 种子处理

播种前进行种子消毒处理。浸种前 2 ~3 天晒种一天。根据需要选择以下方法进行种子处理。

（1）干热消毒：将含水量10%以下的辣椒种子，置于70℃恒温条件处理种子72小时（防病毒病、对细菌或真菌病害也有效）。

（2）温汤浸种：将辣椒种子在5～6倍的50℃～55℃温水中浸种15～20分钟，不停地搅拌，直至水温降至30℃止，继续浸种4～6小时（防疫病、炭疽病）。

（3）药剂浸种：将种子放入冷水中预浸10～12小时，再用1%硫酸铜溶液浸种5分钟；或用72.2%普利克水剂800倍液浸种30分钟后，冲洗并晾干（防疫病、炭疽病）；用10%磷酸三钠溶液浸种20～30分钟，或用0.1%高锰酸钾溶液浸种20分钟，捞出洗净晾干（防病毒病）。

2. 催芽

将处理后的种子放在25℃～30℃条件下保温保湿催芽，待70%种子露白后可取出播种。

3. 苗床准备

（1）营养土配制：用3～5年内未种过茄科蔬菜的熟土或风干后的稻田土7～6份，与腐熟并筛细的有机肥3～4份混合，做育苗营养土。并按营养土重量的0.1%～0.2%加入过磷酸钙。

（2）苗床消毒

①药剂消毒：选用适宜无害化生产的苗床消毒剂。如：50%多菌灵可湿性粉剂与65%代森锰锌按1:1混合，或用25%甲霜灵可湿性粉剂与70%代森锰锌可湿性粉剂按1:9混合。每平方米苗床选用上述任意一种混合药8～10克与20千克半干细土混合，播种时2/3撒在

苗床、1/3 用于盖种。

②高温消毒：夏季高温季节密闭大棚 7 ~ 10 天，可杀灭土壤中部分病原菌，对猝倒、立枯、枯萎病等多种病害有预防作用。

4. 适时播种

春早熟栽培采用塑料大、中棚冷床育苗的，于 9 月下旬至 10 月中、下旬播种；采用温床育苗的于 11 月中、下旬至 12 月初播种育苗；秋延后栽培的于 7 月上、中旬采用遮阳网覆盖播种育苗，采收干椒的多在 1 月下旬至 2 月中旬，采用塑料大、中棚冷床育苗。宜采用穴盘、营养钵等护根措施育苗。

5. 播种方法

当种子经过催芽、破嘴露白后，将种子均匀地撒播在平整、疏松、肥沃、富含有机质的营养土上，用消过毒的细土覆盖种子 1 厘米左右。

6. 苗期管理

(1) 温、湿度管理：出苗期苗床温度保持在 25℃ ~ 30℃；苗出齐后温度保持在 22℃ ~ 25℃；一般床内温度白天保持在 25℃ ~ 28℃，夜间保持在 15℃ ~ 18℃ 为宜。苗期注意通风、排湿、防冻。

(2) 肥水管理：苗期苗床采用喷雾器喷水，保持床土湿润，一般不追肥。晴天上午 10 时至下午 15 时，幼苗发生轻度萎蔫时应及时喷水。幼苗长出 3 ~ 4 片真叶后，每亩可追施 10% 浓度的腐熟有机肥 1000 千克。

(3) 假植：苗期适时假植 1 ~ 2 次。

(4) 防苗期病害：苗期主要病害猝倒病、立枯病等。防治可选用：粉尘剂型杀菌剂喷粉，或烟雾剂型杀菌剂熏烟，或用69%安克锰锌可湿性粉剂800倍液喷雾，或用64%杀毒矾可湿性粉剂500倍液喷雾等。

三、定植

1. 整地施肥

（1）地块选择：选土层深厚、排灌方便、保水保肥的壤土，并与非茄科蔬菜实行3~5年轮作的地块。

（2）整地：深翻25~30厘米，炕土7~10天。

（3）施足底肥，深沟高厢：底肥一般亩用腐熟有机肥3000~4000千克、过磷酸钙40~60千克，硫酸钾15~30千克，或按上述无机肥养分含量选用复混肥；采用地膜覆盖的应适当增加底肥用量。底肥采用撒施、条施或穴施。然后根据不同栽培方式开厢，宜采用深沟窄厢，一般地膜覆盖栽培的厢宽（包沟）1.2米，露地栽培的1.7米，厢沟深25~30厘米。

2. 覆盖地膜

春早熟栽培采用地膜覆盖，或大、中棚套地膜，或小拱棚套地膜栽培。定植前应施足底肥，平整厢面，用地膜盖严厢面，四周用细土压严，也可先栽苗后盖膜。

3. 适时定植，合理密植

（1）定植时期：根据不同栽培方式，选择不同的定植期。露地或地膜覆盖栽培可于3月上旬气温稳定12℃左右时定植；保护地栽培定植期可提前到2月份。定植后浇定根水。秋延后栽培可在8月上旬定植。做到大苗带蕾、带土，选晴天定植。

（2）定植密度。密度应保证亩栽3000窝，每窝1～2株，一般行距66厘米。

四、田间管理

1. 肥水管理

定植后结果前，灌水应轻浇、勤浇，追肥由淡到浓；开始结果到盛果期，要抓好促秧、攻果肥；进入高温季节，可采用0.2%磷酸二氢钾加0.1%～0.2%尿素作根外追肥。此外，初花期可用0.1%硼肥进行根外追肥，半月一次，两次即可。如需收获秋椒，立秋前可追施一次肥：亩用50%的腐熟有机肥与水各1500千克，并在其中加入5～8千克尿素等速效氮肥。灌溉结合追肥进行，提倡浇灌、喷灌、滴灌、禁止大水漫灌。夏至前理好排水沟。

2. 中耕培土

植株封行前，结合中耕追肥、培土。

3. 整枝打杈

辣椒坐果后，将第一级分杈下的侧枝及时摘除，同时摘除植株下部老、病叶。

五、病虫害综合防治

1. 农业防治

选用抗病品种；实施轮作；培育壮苗；采用深沟高厢栽培；合理密植；科学施肥；及时拔除病重株；清洁田园；深翻炕土，减少病虫源。

2. 物理防治

频振式杀虫灯诱杀害虫；田间悬挂黄板诱杀蚜虫、潜叶蝇等；田间铺银灰膜或悬挂银灰膜条驱避蚜虫；人工摘除害虫卵块和捕杀害虫等。

3. 生物防治

保护辣椒田里的瓢虫、捕食螨、草岭等有益生物，充分利用其对蚜虫、害螨等害虫的自然控害作用。选用植物源农药、微生物、农用抗生素等生物制剂防治病虫害。

4. 化学防治

严格按照 GB/T8321 和 DB51/337 要求执行。当病虫害发生达到防治指标（适期）时，宜选用高效、低毒、低残留农药进行喷雾，根据病虫害情况间隔 7 ~ 10 天再交替使用农药 1 ~ 2 次，使用农药后必须达到安全间隔期再采收产品。不使用国家和省、市规定禁用的高（剧）毒、高残留农药。建议使用 PB—16 型或 WS—16 型手动喷雾器、新型背负式机动喷雾喷粉等新型施药器械。

六、采收及采后处理

1. 及时采收

根据食用目的、市场需求和辣椒商品自然成熟度分批及时采收，采收过程中所用工具要清洁、卫生、无污染。

2. 采后处理

采后剔除病、虫、伤果，有泥沙的要清洗。清洗用水应符合饮用水的要求。根据产品大小、进行分级包装。包装技术按 GB/T10158 规定执行，产品质量符合 DB51/335 要求。

第四章
番　　茄

一、品种选择

选用抗病、优质、丰产、商品性好、耐储运、适应市场的品种。春夏栽培应选择耐低温弱光的早中熟品种；夏秋栽培应选择抗病毒病、耐热的品种。目前如903、金皇帝系列樱桃番茄等品种。种子质量应符合GB16715.3要求。

二、播种育苗

1. 种子处理

选用包衣种子，未包衣的种子可根据情况选用下述方法处理。

（1）温汤浸种：将种子放入5~6倍的55℃温水中，浸泡15分钟，不断搅拌，待水温自然下降到30℃（防治叶霉病、早疫病、溃疡病）。

（2）药剂浸种：清水浸3~4小时，再捞出放入10%磷酸三钠溶液中，浸泡20分钟，捞出后用清水冲洗干净（防治病毒病）。

2. 浸种催芽

消毒后的种子浸泡6~8小时捞出洗净，置于25℃~30℃条件下保温保湿催芽，待60%~70%的种子出芽即可播种。

3. 苗床准备

（1）苗床地选择：选择排水良好、土层深厚、土壤肥沃、pH值中性、近2~3年未种过茄科蔬菜的地块，苗床地应尽早翻耕、炕土。

（2）营养土配制：可采用3~5年内未种过茄科蔬菜的熟土，或风干后的稻田土7~6份，与腐熟并筛细的有机肥3~4份混合，并在其中加入营养土重量的0.1%~0.2%过磷酸钙。

4. 播种育苗

（1）适时育苗：①春季栽培：采用塑料大、中棚冷床育苗的于10月下旬播种，采用温床育苗的在11月下旬至12月上旬播种。②夏、秋季栽培：一般采用遮阳网覆盖育苗或露地育苗，5月下旬至6月中旬播种，苗龄20~25天。

（2）育苗方式：宜采用穴盘或营养钵育苗等护根措施。

5. 苗床管理

（1）温、湿度管理：控制苗床温湿度，白天温度不超过30℃，夜间温度不低于15℃，苗期注意通风排湿；夏秋季育苗时注意用遮阳网遮阴、降温、防暴雨。

（2）假植：2~3片真叶时假植，苗距10~12厘米。

三、定植

1. 土地选择

宜选肥沃、疏松、排灌方便的壤土栽培。并与非茄科蔬菜轮休 3 ~ 5 年。提倡水旱轮休。

2. 田地整理

（1）整地：定植前深翻炕土 7 ~ 10 天，耕翻深度 25 ~ 30 厘米。

（2）施入底肥：结合整地施底肥，一般亩用腐熟有机肥 3000 ~ 5000 千克、过磷酸钙 30 ~ 50 千克、硫酸钾 15 ~ 20 千克；或用复混肥 50 ~ 70 千克。

（3）开沟作厢：定植前开沟做厢，采用深沟窄厢，厢面宽窄依品种而定，在成都地区一般采用：早熟品种包沟 1.2 米；中晚熟品种包沟 1.4 米，厢沟深 18 ~ 20 厘米。

（4）设施消毒：在定植前，将保护设施密闭，按每亩用 5% 百菌清粉尘剂 1 千克喷粉，或用 45% 百菌清烟雾剂 250 克熏蒸，或用 75% 百菌清 500 倍液对地面、竹竿、立柱等处均匀喷雾、密闭。

3. 密度

成都地区早熟和自封顶的品种可采用株行距 24 厘米 ×70 厘米，亩栽 3500 株左右；中晚熟和无限生长型的品种株行距为 33 ~ 80 厘米，亩栽 2500 ~ 2800 株。

4. 适时定植

根据不同的栽培方式，选择不同的定植时间，一般春早熟地膜或露地栽培可在 3 月上旬（气温稳定 10℃）

定植。秋番茄可于6月中、下旬至7月上、中旬定植。

四、田间管理

1. 合理追肥

根据不同生长期需求，适时、适量分期追肥：

（1）提苗肥：定植后15天左右施提苗肥，肥料以腐熟有机肥为主，隔5～7天进行，掌握晴天肥料宜稀，阴雨天肥料宜浓的原则。若植株生长不良，可追施适量尿素，每亩可施用5～7千克。

（2）催果肥：初见花蕾时，亩用复混肥15～25千克、腐熟有机肥500千克左右加水2～3倍施用；三苔现蕾时，亩用腐熟有机肥1000千克、过磷酸钙15～25千克加水1～2倍追肥一次。

（3）盛果期追肥：在2～3苔果以后，应分次重追肥，每次亩用腐熟有机肥1500～2000千克，加尿素5千克左右，并加钾肥5千克兑水1～2倍浇施。

（4）根外追肥：初花期叶面喷施0.1%硼肥溶液，隔7～10天喷一次，连喷2次；中、后期，叶面喷施0.1%硫酸锰、硫酸锌，隔10～15天喷一次，连喷2次。根外追肥应选择晴天，喷施宜于早晚进行。

2. 合理灌水

在定植及坐果后，保持土壤湿润；雨季做好排水工作。

3. 中耕培土

生长期应中耕2～3次，中耕深浅为6～10厘米，并结合中耕进行除草、培土。

4．植株调整

（1）根据品种特性选用单干或双干式整枝：单干式整枝只留主茎，所有侧枝完全摘去。双干式整枝，除主枝外，再留第一花序至下叶腋所生的一条侧枝，其他枝全部摘去，整枝应在晴天进行。

（2）搭架：当植株长到30厘米时，开始搭架，搭架形式主要是“人”字架。

（3）摘叶：在第一苔果接近成熟时，摘除基部老、病叶。

（4）摘心：对无限生长类型品种，生长后期应进行摘心处理。

5．保花保果

开花结果初期，注意保花保果。

五、病虫害综合防治

1．农业防治

选用多抗高抗品种；实施轮作；培育壮苗；采用深沟高厢栽培；合理密植；及时整枝搭架；拔除病重株；清洁田园；深翻炕土，减少病虫源；科学施肥。

2．物理防治

田间悬挂黄板诱杀蚜虫、潜叶蝇等；田间铺银灰膜或悬挂银灰膜条驱避蚜虫；人工摘除害虫卵块和捕杀害虫等。

3．生物防治

保护有益生物。选用植物源农药、微生物、农用抗生素等生物制剂防治病虫害。

4. 化学防治

严格按照 GB/T8321 和 DB51/337 要求执行。当病虫害发生达到防治指标（适期）时，宜选用高效、低毒、低残留农药进行喷雾，根据病虫害情况间隔 7 ~ 10 天，再交替使用农药 1 ~ 2 次，使用农药后必须达到安全间隔期再采收产品。不使用国家和省、市规定禁用的高（剧）毒、高残留农药。建议使用 PB—16 型或 WS—16 型手动喷雾器、新型背负式机动喷雾喷粉等新型施约器械。

六、采收及采后处理

1. 及时采收

根据市场需要和番茄自然商品成熟度及时采收，采收过程中所用工具要清洁、卫生、无污染。

2. 采后处理

根据产品成熟程度、大小进行分级包装，应避免包装、运输、贮存中的二次污染，包装技术按 GB/T10158 规定，产品质量应符合 DB51/335 要求。

第五章 萝卜

一、主要品种

萝卜品种十分繁多，在栽培时应选择抗病和抗逆性强、优质、丰产和商品性好的品种，按其收获期分为以下四大类：

1. 冬萝卜

一般8~9月中旬播种，11月至次年2月收获。宜选择中、晚熟的大、中型品种，主要品种有：枇杷樱满身红、花缨子萝卜、青头萝卜、圆根萝卜、特新白玉春、早光、玄武萝卜等。

2. 夏秋萝卜

一般7~8月播种，9~11月收获。主要品种有：枇杷缨萝卜、花樱子萝卜、荆条萝卜、白玉夏、夏抗、60早等。

3. 春萝卜

一般晚秋初冬播种，次年2~3月收获。主要品种有：春不老、小缨子枇杷叶萝卜、特新白玉春、早光、白光、玉龙春等。

4. 四季萝卜

一年四季均可栽培，以春、夏为主。宜选择耐热力强，生长期短，肉质根小的品种，主要品种有：枇杷缨满身红萝卜等。

种子质量符合GB8079的要求。

二、播种育苗

1. 播种方式

萝卜实行直播，均采用穴播，每穴播种2~4粒种子，每亩用种量0.1~0.3千克，播后覆土约2厘米。

2. 播种密度

冬作栽培密度为行距30~35厘米，株距30~33厘米；秋作栽培密度为行距20~25厘米，株距为16~20厘米。

三、整地施肥

1. 地块选择：选择排灌方便、疏松肥沃的砂壤土及壤土的地块。

2. 土地整理：对土壤进行深翻，炕土7~10天，并整平、整细。

3. 施肥开厢：底肥应占肥料总用量的60%~70%，一般亩施腐熟有机肥2000~3000千克、过磷酸钙25~30千克、硫酸钾10~15千克；或按上述无机肥用量折算养分含量选用复混肥。注意肥料与表层土壤混合，并视其地区的具体情况作平厢或窄厢，厢沟深17~25厘米，宽27厘米左右。

四、田间管理

1．间苗、定苗

间苗1～2次，3～5片叶时进行间苗；6～7片叶时定苗。间苗、定苗时应除去杂株病株，留下健壮的植株。

2．追肥

一般追肥2次。第一次追肥在间苗后进行；第二次追肥在肉质根迅速膨大时施入，亩用腐熟有机肥1000～1500千克，并增施一些磷钾肥，以后不再追肥。

3．灌水

及时排灌。幼苗期结合间苗追肥进行灌水；在肉质根膨大初期，灌水不宜多；肉质根膨大时，则应充足而均匀地进行灌水；在采前半月停止灌水；如遇连绵阴雨时，要注意排水。

五、病虫害综合防治

1．农业防治

选用抗（耐）病品种；实行轮作；合理密植；及时拔除病、弱株；清洁田园；深翻炕土，减少病虫源；科学施肥。

2．物理防治

频振式杀虫灯诱杀害虫；田间悬挂黄板诱杀蚜虫、潜叶蝇等；田间铺银灰膜或悬挂银灰膜条驱避蚜虫；人工摘除害虫卵块和捕杀害虫等。

3．生物防治

保护和利用天敌。选用植物源农药、微生物、农用抗生素等生物制剂防治病虫害。

4. 化学防治

严格按照 GB/T8321 和 DB51/337 要求执行。当病虫害发生达到防治指标（适期）时，宜选用高效、低毒、低残留农药进行喷雾，根据病虫害情况间隔 7～10 天再交替使用农药 1～2 次，使用农药后必须达到安全间隔期再采收产品。不使用国家和省、市规定禁用的高（剧）毒、高残留农药。建议使用 PB—16 型或 WS—16 型手动喷雾器、新型背负式机动喷雾喷粉等新型施药器械。

六、采收及采后处理

1. 及时采收

根据萝卜的肉质根自然成熟度及时采收，采收过程中所使用的工具要求清洁、卫生、无污染。

2. 采后处理

剔除病、虫、伤肉质根，产品要清洗，清洗用水应符合饮用水的要求。根据产品大小、形状、表皮颜色进行分级、包装。包装技术按 GB/T10158 规定执行，产品质量应符合 DB51/335 的要求。

第六章
莴　笋

一、栽培季节

按成都市莴笋的收获季节分为：春莴笋、夏莴笋(热莴笋)、秋莴笋、冬莴笋四大类。

二、品种选择

宜选择抗逆性好、丰产、质优、商品性好、符合目标市场的品种。春莴笋应选择不易抽薹或抽薹迟的品种，如目前的：挂丝红、二青皮、种都3号等；早秋莴笋应选择耐热、对高温长日照不敏感的早、中熟品种，如目前的：二青皮、尖叶子、夏抗38、种都夏胖青等；冬莴笋应选用耐寒性强的品种，目前有：水白条、青洋棒、种都3号等；夏莴笋应选择耐寒又具有抗热性，对日照不敏感、不易抽薹的品种。目前主要有水白条、二白皮、云南大花叶、种都3号、青洋棒等。种子质量应符合GB8079的要求。

三、播种育苗

1. 苗床准备

苗床选择应注意地块平整、肥沃、土壤疏松、透气性好，2~3年未种过菊科蔬菜的田块，施入腐熟的有机肥，配以磷肥做基肥，并将地整细、整平。

2．种子处理

作早秋栽培时，播种前种子必须进行低温处理。方法是：用凉水浸泡种子5~6小时，取出滤干，放在15℃~18℃条件下催芽，2~3天后，待60%~70%种子露白后再播种。

3．适时播种

春莴笋11月上旬至1月播种；夏莴笋3月至5月播种；秋莴笋6月至7月播种；冬莴笋8月中旬至10月上旬播种。

4．播种量

适当稀播。一般春、冬莴笋每亩苗床用种0.75千克左右；夏、秋莴笋每亩苗床用种量1.0~1.5千克。

5．苗床管理

①及时间（匀）苗，苗距保持3~4厘米。

②苗期要控制肥水，使叶片肥厚，叶色较深；同时注意防治病虫害。

四、定植

1．土地选择

宜选择地势高燥，排灌方便，地下水位较低，土层深厚疏松的壤土。且应与非菊科蔬菜实行2~3年轮作。

2．整地施肥

定植前耕翻，炕土7~10天。结合整地因地制宜施底肥，一般亩施腐熟有机肥 2500～4000 千克，10～20 千克过磷酸钙，5～10 千克硫酸钾。

3. 适时定植

定植苗以具 4～5 片真叶为宜，宜带土移栽，栽时苗子带 5～6 厘米的主根，定植时要将土埋至根颈部，栽后将土稍压紧，及时浇定根水使土壤与根系很好地结合。

4. 合理密植

根据品种特性，栽培季节和土壤肥力确定定植密度。一般每亩栽 3500～5500 株。夏、秋莴笋应加大密度。

五、田间管理

1. 中耕除草

中耕不宜太深，一般 3～5 厘米即可。结合中耕除草。

2. 抗旱保苗

秋莴笋栽后遇烈日曝晒，应用塑料遮阳网遮阴保苗。

3. 肥水管理

（1）春莴笋：待幼苗定植成活后，施清淡腐熟有机肥一次；苗期可用腐熟有机肥或配合速效氮肥催苗；开春后气温回升，植株生长加快，可用约 20% 的腐熟有机肥作追肥，7～10 天追一次肥，以促进叶簇生长，茎秆迅速膨大，以免未熟抽薹。

春莴笋在冬前移栽后即可浇水，成活后不再浇水，开春后也要浇水；追肥中的水分一般可满足其对水分的要求；茎部开始膨大时，应及时浇水，以免后期裂口。

（2）秋莴笋：栽后 3～5 天缓苗后，及时施一次 0.3% 尿素作提苗肥；以后每隔 10～15 天追肥一次，每次每亩用尿素 4～5 千克。秋莴笋生长期灌水应轻浇勤浇。

（3）冬莴笋：对肥料要求严格，不能缺肥，又不能高浓度浇灌，追肥一般在茎膨大前施，3～4 次即可，第一次追肥在定植成活后；第二次在莲座叶开始形成时；第三次在茎开始膨大时追施。追肥用量和浓度参照春莴笋。

（4）夏莴笋：在植株莲座期和肉质膨大初期，应及时追肥。灌水宜轻浇、勤浇。

六、病虫害综合防治

1. 农业防治

选用抗（耐）病品种；实行轮作；培育适龄壮苗；采用深沟窄厢栽培；合理密植；及时中耕除草；拔除病重株；清洁田园；深翻炕土，减少病虫源；科学施肥。

2. 物理防治

田间悬挂黄板诱杀蚜虫、潜叶蝇等；田间铺银灰膜或悬挂银灰膜条驱避蚜虫；人工摘除害虫卵块和捕杀害虫等。

3. 生物防治

保护有益生物。选用植物源农药、微生物、农用抗生素等生物制剂防治病虫害。

4. 化学防治

严格按照 GB/T8321 和 DB51/337 要求执行。当病虫害发生达到防治指标（适期）时，宜选用高效、低毒、低残留农药进行喷雾（详见附表），根据病虫害情况间隔 7 ~ 10 天再交替使用农药 1 ~ 2 次，使用农药后必须达到安全间隔期再采收产品。不使用国家和省、市规定禁用的高（剧）毒、高残留农药。建议使用 PB—16 型或 WS—16 型手动喷雾器、新型背负式机动喷雾喷粉等新型施药器械。

七、采收及采后处理

1. 及时采收

当莴笋的主茎顶端与最高叶片的叶尖齐平时，应及时采收。采收所用工具应清洁、卫生、无污染。

2. 采后处理

剔除部分外叶，对产品进行清洗，清洁用水应符合饮用水标准。产品分级包装，包装技术按 GB/T10158 规定执行。产品质量应符合 DB51/335 的要求。

第七章
大白菜

一、品种选择

选用高产、抗病、适应性强，符合目标市场需求的品种。春季栽培选择冬性强、抽薹较晚、结球率高、耐热抗病的品种；夏秋季栽培选择耐热、耐湿、生长期较短的品种；冬季栽培选择高产、优质的品种，目前如：韩国健春、良庆、春夏王、强春、强势、高能地、四季王、夏阳50、丰抗90、小杂56、福山白等品种，种子质量符合GB16715.2的要求。

二、播种育苗

1. 种子处理

防治霜霉病、黑斑病可用50%福美双可湿性粉剂，或75%百菌清可湿性粉剂，按种子重量的0.4%拌种；或25%甲霜灵可湿性粉剂按种子重量的0.3%拌种。

2. 栽培方式

大白菜栽培可育苗移栽或直播。

3. 苗床准备

进行育苗移栽的，宜选土壤肥沃，排灌方便，通风良好，且3年未种过十字花科作物的田块作苗床，营养土配制采用菜田土7~6份与腐熟有机肥3~4份加营养土重量的0.1%~0.2%的过磷酸钙混合而成。

4. 育苗方式

根据条件采用露地或大、中棚或塑料薄膜覆盖遮阳网覆盖育苗。宜采用穴盘、营养钵等护根措施。

5. 适时播种

根据种植方法、气候条件适时播种。一般①春白菜于2月播种；②夏秋白菜（早白菜）于7月中下旬至8月上旬抢晴天及时播种；③冬白菜于8月下旬抢晴天播种。直播用种量一般是每亩0.2~0.25千克；育苗移栽者可相应提前5~10天播种，每亩苗床地用种量为0.025千克。

6. 直播播种方法

一般采取点播，每穴播种量1~2粒，播后用0.5厘米的细土盖种。

7. 苗床管理

（1）肥水管理：根据植株生长情况浇水、追肥，夏季出苗前后勿浇大水，以防止表层土壤板结，如遇高温干旱，应2~3天浇一次水。

（2）防治病虫：大白菜苗期主要病虫害有蚜虫、菜螟、黄条跳甲、蛞蝓、霜霉病等，可选用下列药剂防治：

①蚜虫：用40%乐果乳剂800~1000倍液喷雾；或用3%啶虫咪微乳剂1000倍液亩用10~15克兑水50~

60 千克喷雾灭虫等。

②菜螟：用 Bt8000B. T 水剂 600 倍液或用 5% 来福灵乳油，亩用 20 ~ 30 毫升兑成水溶液喷雾。

③黄条跳甲：用 22% 多杀菊酯 1500 倍液，或用 2. 5% 敌杀死亩用 10 毫升 + 50% 敌敌畏，亩用 25 ~ 50 毫升。喷药时注意：应从田边向田中喷雾，以免成虫逃逸。

④蛞蝓：3% 嘧哒颗粒亩用 500 克等。

⑤霜霉病：用 58% 瑞毒霉锰锌可湿性粉剂，亩用 75 ~ 120 克兑水 50 ~ 60 千克，或用 64% 杀毒矾锰锌可湿性粉剂 1000 倍液喷雾。

三、定植

1. 整地施肥

（1）地块选择：应选择地势较高，排灌方便，2 ~ 3 年未种植过十字花科作物的田块；已发生根肿病的田块，应实行 5 ~ 6 年的轮作。

（2）土地整理：前作收获后，清洁田园，深耕炕土 7 ~ 10 天。

（3）施用底肥：结合整地施用底肥，一般亩用腐熟有机肥 3000 ~ 4000 千克、过磷酸钙 15 ~ 25 千克、硫酸钾 10 ~ 15 千克。

（4）开沟作厢：整平整细做厢，夏秋栽培白菜时提倡采用深沟高厢栽培，一般厢宽（包沟）为 1. 5 ~ 1. 7 米，低洼地沟深 25 ~ 35 厘米，一般沟深 20 ~ 25 厘米。

2. 适时定植：当幼苗长至“四叶一心”或“五叶

一心”时进行定植，选择具有本品种特征特性、茎秆粗壮、根系发达、叶色深绿的壮苗，带土、带肥定植。

3. 合理密植：根据栽培季节、品种植株开展度、土壤肥力来确定合理的密度，一般春白菜、夏秋白菜亩栽4000~5000株；冬白菜亩栽3000~4000株。

四、田间管理

1. 间苗、定苗

直播栽培应及时间苗、定苗。

2. 及时追肥

白菜栽培追肥应早，整个生长期追肥2~3次，一般亩用腐熟有机肥1000~1500千克、尿素5~10千克、钾肥5千克左右，施肥原则为先淡后浓：幼苗期轻施，莲座期、结球期重施，早秋时如果遇到雨日较多，可采用撬窝追施尿素等。

3. 合理灌溉

结合追肥进行灌溉，应掌握见干见湿的原则。

五、病虫害综合防治

1. 农业防治

选用抗病品种；实行轮作；采用深沟高厢栽培；合理密植；及时拔除病重株；清洁田园；深翻炕土，减少病虫源；科学施肥。

2. 物理防治

田间悬挂黄板诱杀蚜虫；人工摘除害虫卵块和捕杀害虫等。

3．生物防治

保护有益生物。选用植物源农药、微生物、农用抗生素等生物制剂防治病虫害。

4．化学防治

严格按照 GB/T8321 和 DB51/337 要求执行。当病虫害发生达到防治指标（适期）时，宜选用高效、低毒、低残留农药进行喷雾，根据病虫害情况间隔 7～10 天再交替使用农药 1～2 次，使用农药后必须达到安全间隔期再采收产品。不使用国家和省、市规定禁用的高（剧）毒、高残留农药。建议使用 PB—16 型或 WS—16 型手动喷雾器、新型背负式机动喷雾喷粉等新型施药器械。

六、采收及采后处理

1．及时采收

根据市场需求和大白菜叶球自然商品成熟度及时采收，采收过程中所用工具要清洁、卫生、无污染。

2．采后处理

去掉外叶，留下叶球。根据叶球大小进行分级包装，应避免包装、运输、贮存中的二次污染，包装技术按 GB/T10158 执行，产品质量应符合 DB51/335 要求。

第八章 芹　菜

一、品种选择

芹菜主要分本芹和洋芹两大类。本芹可根据叶柄颜色分白芹和青芹。成都地区以本芹栽培为主。生产上可根据栽培季节、目标市场的需求而选用适当的品种。白芹主要有二黄芹、草白芹菜等；青芹宜选择实心品种；洋芹主要有高优它、优它系列等。种子质量符合GB8079的要求。

二、播种育苗

芹菜可直播或育苗移栽，但我市多采用育苗移栽。

1. 种子处理

夏末初秋播种者（即早芹菜），播前须先浸种催芽：将芹菜种子用清水浸种12～24小时，然后置于冷凉环境18℃～20℃，催芽3～4天，待有70%～80%种子出芽后播种。

2. 苗床准备

（1）苗床地选择：应选择荫凉、保水保肥地块，并搭遮阴棚。也可在瓜棚、豆架下或采用遮阳网覆盖遮阴、降温、避大雨。

（2）育苗土配制：采用3年内未种过芹菜的熟土，或风干后的稻田土7~6份与腐熟并筛细的有机肥3~4份，混合做育苗营养土，并按营养土重量的0.1%加入过磷酸钙。

3．适时播种

成都地区周年均可生产芹菜，最佳播期在7月中旬至8月上旬。本芹亩用种量300~500克；洋芹亩用种量70~120克。

4．苗期管理

播后应保持苗床土湿润，防止暴雨冲打、烈日暴晒，早晚注意浇水。苗出齐后逐渐拆除遮阴物，并盖薄土保护幼苗根系。育苗移栽的幼苗后期注意炼苗。

三、定植

1．整地施肥

（1）地块选择：选择土层深厚、排水良好、保水保肥的地块，并与非伞形花科蔬菜实行2~3年轮作。

（2）土地整理及理沟开厢：前作收获后，整地深耕20~25厘米，炕土7~10天。耕翻耙平，结合整地开厢，可做成1.5~1.8米宽（包沟）的厢。

（3）施足底肥：底肥用量应占总用肥量的70%，一般亩用腐熟有机肥1000~2000千克，过磷酸钙20~25千克、硫酸钾10千克、尿素10~25千克；或按上述无机肥用量折算养分含量选用复混肥。

2. 适时定植

春芹菜在11月份、夏芹菜在6月、秋芹菜在8月中旬、冬芹菜9月中旬至10月下旬定植。

3. 合理密植

根据栽培季节及所选用品种，采用恰当的种植密度。一般本芹可采用10～12厘米见方的密度，西芹则根据其开展度大小采用20～25厘米见方的密度。

四、田间管理

整个生长期均应保持土壤湿润，及时除去杂草。定植后在植株生长前期，应用腐熟的清粪400千克加尿素5千克提苗1～2次；进入生长盛期，重施一次追肥；到了生长中、后期，还可用0.1%磷酸二氢钾、0.1%硼砂溶液等进行根外喷洒。

五、病虫害综合防治

1. 农业防治

选用抗病品种；实行轮作；培育壮苗；采用深沟窄厢栽培；合理密植；及时拔除病重株；清洁田园；深翻炕土，减少病虫源；科学施肥。

2. 物理防治

田间悬挂黄板诱杀蚜虫、潜叶蝇等；田间铺银灰膜或悬挂银灰膜条驱避蚜虫；人工摘除害虫卵块和捕杀害虫等。

3. 生物防治

保护有益生物。选用植物源农药、微生物、农用抗生素等生物制剂防治病虫害。

4. 化学防治

严格按照 GB/T8321 和 DB51/337 要求执行。当病虫害发生达到防治指标（适期）时，宜选用高效、低毒、低残留农药进行喷雾，根据病虫害情况间隔 7 ~ 10 天再交替使用农药 1 ~ 2 次，使用农药后必须达到安全间隔期再采收产品。不使用国家和省、市规定禁用的高（剧）毒、高残留农药。建议使用 PB—16 型或 WS—16 型手动喷雾器、新型背负式机动喷雾喷粉等新型施药器械。

六、采收及采后处理

1. 及时采收

根据芹菜自然商品成熟度及时采收。采收过程中所用工具要清洁、卫生、无污染。

2. 采后处理

去根，剔除老、黄、病叶，植株要清洗干净，清洗用水应符合饮用水的要求，根据产品长短等进行分级包装，应避免包装、运输、贮藏中的二次污染。包装技术按 GB/T10158 执行，产品质量应符合 DB51/335 要求。

第九章
花　菜

一、品种选择

花菜在成都地区春、秋、冬三季均可栽培，可根据栽培季节选用适当品种：作春花菜栽培宜选择耐寒性强、抽薹较晚的品种；作夏播秋收（早秋花菜）栽培宜选择早熟、耐热、抗病的品种；作冬花菜栽培宜选择中、晚熟、生长期长、抗病、品质好的品种。主要品种有西河大花、成都二花、日本雪宝、（日本）白玉、白阳、雪岭等品种及温州花菜系列、福建花菜系列等，种子质量符合GB16715.4的要求。

二、播种育苗

1. 栽培方式

采用育苗移栽。

2. 苗床准备

（1）苗床地选择：选择土质肥沃疏松、排水良好、前作未种过十字花科蔬菜的地块育苗。

（2）营养土配置：育苗营养土采用菜田土7~6份，

与筛细的腐熟有机肥3~4份，并加入营养土重量0.1%~0.2%的过磷酸钙混合而成。

3. 育苗方式

根据栽培方式采取薄膜拱棚或遮阳网覆盖育苗，宜采用穴盘、营养钵等护根措施。

4. 适时播种

一般春花菜9月中、下旬播种；早秋花菜6月份播种；冬花菜7月上、中旬至8月中旬播种。

5. 播种量

一般苗床地0.1亩地播种子20~30克，可定植大田一亩。

6. 苗床管理

早秋花菜、冬花菜苗期正值夏、秋季，播种后除盖细土外，可加盖遮阳网。

7. 假植

苗期假植一次。

三、定植

1. 整地施肥

（1）地块选择：宜选择地势较高，富含有机质、肥沃疏松、保水保肥力强、排灌方便的壤土或黏性壤土，避免与十字花科作物连作。

（2）整地施肥：前作收后，深耕、炕土7~10天，整地施底肥，一般底肥亩用腐熟有机肥3000~4000千克，过磷酸钙30~50千克，硫酸钾15~20千克；或施用复混肥。

(3) 开沟作厢

结合整地开沟作厢，应采用深沟窄厢，一般厢宽1.5米（包沟），每厢栽2行。

2. 合理密植

根据各品种熟性，植株开展度及栽培季节确定定植密度，一般早熟品种每亩栽2500～2800株；中、晚熟品种每亩2000～2500株。

3. 适时定植

一般苗龄30～35天，幼苗具5～7片真叶时，选具有本品种特征，植株健壮、叶片肥厚、蜡粉多、无病虫的壮苗做到带土、带肥定植。

四、田间管理

1. 追肥

花菜生长期较长，需肥较多，一般苗期至花球形成期，均以氮肥为主，亩用腐熟有机肥1000～2000千克，尿素5～10千克，分2～3次施用；花球形成及膨大期：除施用氮肥外，还需增施磷钾肥，还可根据情况施用硼肥，方法是：定植后幼苗成活到花球膨大期，用0.1%的硼砂溶液叶面喷洒1～2次。

2. 灌水

一般结合施肥进行灌水，要求土壤见干见湿。

3. 中耕除草

结合追肥进行中耕、除草和培土。

4. 摘叶盖花球

花球形成露出时，把接近花球的大叶折断覆盖花球。

五、病虫害综合防治

1. 农业防治

选用抗（耐）病品种；实行轮作；培育壮苗；采用深沟窄厢栽培；合理密植；及时拔除病重株；清洁田园；深翻炕土，减少病虫源；科学施肥。

2. 物理防治

频振式杀虫灯诱杀害虫；田间悬挂黄板诱杀蚜虫、潜叶蝇等；田间铺银灰膜或悬挂银灰膜条驱避蚜虫；防虫网覆盖栽培；人工摘除害虫卵块和捕杀害虫等。

3. 生物防治

保护有益生物。选用植物源农药、微生物、农用抗生素等生物制剂防治病虫害。

4. 化学防治

严格按照 GB/T8321 和 DB51/337 要求执行。当病虫害发生达到防治指标（适期）时，宜选用高效、低毒、低残留农药进行喷雾，根据病虫害情况间隔 7 ~ 10 天再交替使用农药 1 ~ 2 次，使用农药后必须达到安全间隔期再采收产品。不使用国家和省、市规定禁用的高（剧）毒、高残留农药。建议使用 PB—16 型或 WS—16 型手动喷雾器、新型背负式机动喷雾喷粉等新型施药器械。

六、采收及采后处理

1. 及时采收

根据花菜各品种不同的生长期，当其花球充分长大，花球基部花枝略现松散时采收，采收过程中所用工具要清洁、卫生、无污染。

2. 采后处理

剔去花球大部分叶片，只留下紧邻花球的几片叶的叶柄，保持花球洁净。根据产品大小进行分级包装，应避免包装、运输、贮存中的二次污染，包装技术按 GB/T10158 执行，产品质量应符合 DB51/335 要求。

第十章
小白菜（白菜秧）

一、品种选择

白菜秧即直播栽培的不结球白菜，或以直播栽培的大白菜苗期间苗时淘汰的幼苗作商品菜上市。作白菜秧栽培宜选择抗病虫、适应性强、优质的品种；作秋淡栽培的更应选择耐热性强的品种，如：黄秧白及适合作早秋白菜的一些品种。种子质量符合 DB16715. 3 的要求。

二、播种

1. 整地施肥

（1）地块选择：选择排灌方便、前作未种植过十字花科作物的田块。

（2）整地施肥：前作收获后，尽早清洁田园，深耕炕土，并施用底肥，一般亩用腐熟有机肥 1000 千克。

2. 合理密植

作秋淡栽培小白菜净作，且采用条播的行距可采用 15 ~ 20 厘米。

3. 适时播种

成都地区一般立春至冬至均可播种栽培小白菜，作秋淡栽培小白菜于6月中旬到8月中下旬分批播种。

三、田间管理

1．清除杂草

种子出苗后，注意清除杂草，保持田园清洁。

2．追肥、灌水

整个生长期应以速效氮肥如尿素等进行2～3次追肥，小白菜栽培还需要充足的水分，因此应结合追肥灌水，尤其作秋淡栽培时应勤浇水。

四、病虫害综合防治

1．农业防治

选用抗病品种；实行轮作；培育壮苗；采用深沟窄厢栽培；合理密植；清洁田园；深翻炕土，减少病虫源；科学施肥。

2．物理防治

田间悬挂黄板诱杀蚜虫等；田间铺银灰膜或悬挂银灰膜条驱避蚜虫；防虫网覆盖栽培；人工摘除害虫卵块和捕杀害虫等。

3．生物防治

保护有益生物。选用植物源农药、微生物、农用抗生素等生物制剂防治病虫害。

4．化学防治

严格按照GB/T8321和DB51/337要求执行。当病虫害发生达到防治指标（适期）时，宜选用高效、低毒、低残留农药进行喷雾，根据病虫害情况间隔 7～10 天再交替使用农药 1～2 次。使用农药后必须达到安全间隔期再采收产品。不使用国家和省、市规定禁用的高（剧）毒、高残留农药。建议使用 PB—16 型或 WS—16 型手动喷雾器、新型背负式机动喷雾喷粉等新型施药器械。

五、采收及采后处理

1. 及时采收

根据市场需求适时分批采收，采收过程注意清洁、卫生。

2. 采后处理

剔除病、虫、老、黄叶，植株要清洗干净，清洁用水应符合饮用水的要求，根据产品大小等进行分级包装，应避免包装、运输、贮存中的二次污染，包装技术按 GB/T10158 执行，产品质量应符合 DB51/335 要求。

第十一章
生　　菜

一、品种选择

宜选择抗病虫、高产、优质的品种，夏秋栽培宜选择耐热、不易抽薹的不结球（散叶）生菜；冬季栽培宜选择生长期长、高产的结球或散叶生菜。目前有：南海软尾、玻璃生菜、紫生菜、意大利生菜、大湖等生菜品种。种子质量符合 GB16715.5 的要求。

二、播种育苗

1. 种子处理

（1）种子消毒：防治霜霉病、黑斑病可用①50%福美双可湿性粉剂，或75%百菌清可湿性粉剂按种子量的0.4%拌种，或用25%瑞毒霉可湿性粉剂按种子量的0.3%拌种；②防治软腐病可用菜丰宁肯或专用种衣剂拌种。

（2）低温催芽：高温季节播种，种子须低温催芽。方法是：在冷水中浸泡6小时，捞出后置于18℃~20℃下催芽，待70%种子露白即可播种。

2. 栽培方式

一般不结球生菜直播或育苗移栽，结球生菜采用育苗移栽。

3. 苗床准备

选择有机质丰富、土壤肥沃，保水和保肥力强，透气性好，排灌方便的微酸性壤土或黏质壤土。

4. 育苗方式

露地育苗或遮阳网覆盖育苗。宜采用穴盘、营养钵等护根措施。

5. 适时播种

一般不结球生菜可排开播种，结球生菜播期为8月至翌年3月，最适宜播种期为8月中旬至11月上旬。冬季、早春时可进行大、中棚或小拱棚覆盖栽培，夏季可进行遮阳网或阴棚覆盖栽培。

6. 苗床管理

育苗地一般亩用腐熟有机肥1500千克与过磷酸钙15~20千克混合，翻耕后撒匀、整平。每亩需苗床20~30平方米，用种量25~30克。播前浇透水，种子播后覆土0.5厘米左右。2~3片真叶时及时间苗。冬春季育苗，要注意控制苗床湿度；夏季露地育苗，注意用遮阳网覆盖，每天喷水2~3次。

三、定植

1. 整地施肥

采用厢宽80~90厘米，结合整地作厢施入底肥，一般亩用腐熟有机肥1000~2000千克、过磷酸钙10~

25千克，或亩用复混肥20～30千克。

2. 合理密植

根据品种特性、气候条件和土壤肥力，每亩定植早熟品种5000～6000株，中熟品种4000～5000株，晚熟品种4000～4500株。

3. 定植时间

散叶生菜苗龄25天左右，4～6片真叶时可定植。株行距14～18厘米；结球生菜苗龄30～35天，5～6片真叶时定植，株行距17～20厘米，定植时应带土移栽，定植后及时浇定根水，栽植深度以埋住根为宜，不可埋住心叶。高温季节定植，应于定植的当天上午，搭好棚架盖遮阳网，下午移栽。冬季栽培宜采用地膜覆盖，大、中棚栽培。

四、田间管理

1. 追肥

（1）前期和中期追肥浓度由淡到浓，宜用速效氮肥如尿素10～20千克或复混肥20～30千克；结球期可用0.1%～0.2%尿素加磷酸二氢钾叶面喷施。

（2）收获前7～10天不允许追施氮素化肥，生长期不允许使用粪水作追肥。

2. 灌水

根据缓苗后天气、土壤干湿情况适时浇水，一般5～7天浇一次，中后期浇水不要过量，设施栽培应控制棚内湿度，采收前5天要控制浇水。

五、病虫害综合防治

1. 农业防治

选用抗病品种；实行轮作；培育壮苗；采用深沟窄厢栽培；合理密植；及时拔除病重株；清洁田园；深翻炕土，减少病虫源；科学施肥。

2. 物理防治

田间悬挂黄板诱杀蚜虫、美洲斑潜蝇等；田间铺银灰膜或悬挂银灰膜条驱避蚜虫；防虫网覆盖栽培；人工摘除害虫卵块和捕杀害虫等。

3. 生物防治

保护有益生物。选用植物源农药、微生物、农用抗生素等生物制剂防治病虫害。

4. 化学防治

严格按照 GB/T8321 和 DB51/337 要求执行。当病虫害发生达到防治指标（适期）时，宜选用高效、低毒、低残留农药进行喷雾，根据病虫害情况间隔 7～10 天，再交替使用农药 1～2 次，使用农药后必须达到安全间隔期再采收。不使用国家和省、市规定禁用的高（剧）毒、高残留农药。建议使用 PB—16 型或 WS—16 型手动喷雾器、新型背负式机动喷雾喷粉等新型施药器械。

六、采收及采后处理

1. 及时采收

根据生菜自然商品成熟度及时采收，采收过程注意清洁、卫生。

2. 采后处理

去掉黄叶、病虫叶，分级包装。包装技术按 GB/T10158 执行；产品质量应符合 DB51/335 要求。

第十二章

菜心（广东菜心、四九菜薹）

一、品种选择

宜选择抗病性强、优质、高产的优良品种。如四九菜心、油青系列等广东菜心品种等，种子质量优良。

二、栽培方式

可育苗移栽或直播。

三、播种育苗

1．苗床准备

育苗地宜选择地势高燥、通风凉爽、土地肥沃、排灌方便的壤土或砂壤土，前作非十字花科作物；播种前每亩施入腐熟的有机肥 1000 千克作基肥，土肥混匀、耙平、做成平畦，并充分浇透水。

2．育苗方式

一般为露地育苗或遮阳网育苗。宜采用穴盘、营养钵等护根措施。

3．适时播种

早熟品种4~8月播种，中熟品种9~10月播种，晚熟品种10月后播种。每亩苗床地用种量500克左右，可供5~6亩大田定植，播后厢面覆土0.5~1厘米。

4. 苗床管理

幼苗具2~3片真叶开始间苗，在幼苗期适当追施速效性氮肥，亩施用氮肥10千克，每隔7天追一次肥。

四、定植

1. 整地施肥

（1）地块选择：宜选择富含有机质、疏松、肥沃的壤土或砂、壤土，前作为非十字花科作物，种植前深耕炕土。

（2）土地整理：厢面宽1.3~1.8米（包沟）左右，厢沟深20~30厘米，厢面呈鱼背形。

（3）底肥施用：结合整地亩施腐熟有机肥1000~1500千克。

2. 合理密植

株行距按10~15厘米见方。

3. 适时定植

幼苗4-6片叶，苗龄18~25天，晚熟品种30天左右。

五、肥水管理

定植时浇足定根水，缓苗后再浇一次水，同时追一次速效性氮肥，叶片生长期掌握“早施、勤施、薄施”的原则，一般是5~7天追一次肥水；进入叶片旺盛生长期和植株现蕾前追 1～2 次氮肥，并配合施用一些钾肥。进入菜薹形成期，如果菜薹抽薹缓慢，或者菜薹细弱，应及时补充肥水。兼收侧薹的主菜薹收获后，应追施一次重肥，可亩施尿素或硫酸铵 10 千克左右。

六、病虫害综合防治

1. 农业防治

选用抗病品种；实行轮作；培育壮苗；采用深沟窄厢栽培；合理密植；及时整枝；拔除病株；清洁田园；减少病虫源；科学施肥。

2. 物理防治

频振式杀虫灯诱杀害虫；田间悬挂黄板诱杀蚜虫、潜叶蝇等；田间铺银灰膜或悬挂银灰膜条驱避蚜虫；防虫网覆盖栽培；人工摘除害虫卵块和捕杀害虫等。

3. 生物防治

保护和利用天敌。选用植物源农药、微生物、农用抗生素等生物制剂防治病虫害。

4. 化学防治

严格按照 GB/T8321 和 DB51/337 要求执行。当病虫害发生达到防治指标（适期）时，宜选用高效、低毒、低残留农药进行喷雾，根据病虫害情况间隔 7～10 天再交替使用农药 1～2 次，使用农药后必须达到安全间隔期再采收产品。不使用国家和省、市规定禁用的高（剧）毒、高残留农药。建议使用 PB—16 型或 WS—16 型手动喷雾器、新型背负式机动喷雾喷粉等新型施药器械。

七、采收及采后处理

1. 及时采收

当菜薹最高叶片齐平时及时采收。

2. 采后处理

去掉老、黄和病、虫叶，产品分级包装，包装技术按 GB/T10158 执行；产品质量应符合 DB51/335 要求。

第十三章

莲花白

一、品种选择

选择抗病虫能力强、丰产性好、品质优、适销对路的品种，春莲花白宜选择冬性强、抽薹迟、品质优的品种。目前有春丰、春雷、中甘 12 号、京丰 1 号、冈吉等；夏、秋莲花白应选择抗病虫能力强、耐热、生育期短、品质优的品种；目前有西园 3 号、西园 4 号、西园 6 号、征将、中甘 8 号等；冬莲花白应选择耐寒、生育期较长、产量高、品质优的品种，目前有大乌叶、二乌叶、寒春等品种，种子质量应符合 GB16715. 4 的要求。

二、栽培季节

成都地区可在不同季节，选择适宜品种，排开播种，周年收获。

三、播种育苗

1. 苗床准备

（1）苗床选择：选择土质肥沃、排水良好、前作为非十字花科作物的地块育苗。床土要经过深翻炕土，施用腐熟清粪水浆土，待土干后，整细耙平，按 1～1.4 米开厢，按 1∶10 进行苗床准备。

（2）营养土配置：采用 7～6 份细土，与 3～4 份腐熟有机肥（筛细）混合，并按营养土重量的 0.1%～0.2% 加入过磷酸钙。

2．育苗方式

一般莲花白采用露地育苗，秋、冬莲花白育苗可采用遮阳网覆盖或搭荫棚；宜采用穴盘、营养钵等护根措施。

3．适时播种

一般春莲花白在 9 月下旬至 10 月上中旬播种；夏莲花白在 2 月播种；早秋莲花白在 6 月播种；冬莲花白在 7 月下旬播种。

4．用种量

莲花白播种量一般亩用 30～80 克。

5．苗床管理

苗期可适量施用肥水。

6．假植

苗期假植一次。

四、定植

1．整地施肥

（1）地块选择：宜选择肥沃、疏松、排水良好的田块种植莲花白，并注意与非十字花科作物轮作。已发生根肿病的地块，应实行 5～6 年轮作。

(2) 土地整理：前茬作物收获后，及时清洁田园，再深翻、耙平、作厢，厢宽2米（包沟）。

(3) 底肥施用：一般亩用腐熟有机肥1500~2000千克、尿素15千克、硫酸钾15~20千克、过磷酸钙25千克；或选用复混肥。

2. 合理密植

根据各品种的特性、植株开展度确定种植密度，一般早熟品种亩栽5000株左右；中、晚熟品种亩栽2500~3000株。

3. 适时定植

一般苗龄在25~30天、秧苗具4~6片真叶时，选具本品种特征、叶色浓绿、叶片肥大、节间短、茎粗、根系完整发达的壮苗带土、带肥定植。

五、田间管理

1. 施肥

追肥应本着少施、勤施的原则进行。

(1) 苗期施“提苗肥”：即苗期施1~2次清淡腐熟有机肥提苗，并可用600~800倍的磷酸二氢钾叶面喷洒1~2次。

(2) 重点追施开盘（莲座期）和结球（卷心期）肥：在开大盘至卷心中期，亩用1000千克腐熟有机肥、加尿素10~15千克、氯化钾7~10千克追肥。卷心后期（结球后期）不再追肥。

2. 灌水

定植后根据情况浇水，待其缓苗后，结合“提苗肥”适当浇水；以后结合追肥灌水，卷心后期不再灌水。

3. 中耕除草

定植后6～10天中耕一次；开大盘前中耕一次；结合中耕进行除草、培土。

六、病虫害综合防治

1. 农业防治

选用抗病虫品种；实行轮作；培育适龄壮苗；采用深沟高厢栽培；合理密植；及时拔除病虫株；清洁田园；深翻炕土，减少病虫源；科学施肥。

2. 物理防治

频振式杀虫灯诱杀害虫；田间悬挂黄板诱杀蚜虫、潜叶蝇等；田间铺银灰膜或悬挂银灰膜条驱避蚜虫；人工摘除害虫卵块和捕杀害虫等。

3. 生物防治

保护和利用天敌。选用植物源农药、微生物、农用抗生素等生物制剂防治病虫害。

4. 化学防治

严格按照GB/T8321和DB51/337要求执行。当病虫害发生达到防治指标（适期）时，宜选用高效、低毒、低残留农药进行喷雾，根据病虫害情况间隔7～10天再交替使用农药1～2次，使用农药后必须达到安全间隔期再采收产品。不使用国家和省、市规定禁用的高（剧）毒、高残留农药。建议使用PB—16型或WS—16型手动喷雾器、新型背负式机动喷雾喷粉等新型施药器械。

七、采收及采后处理

1．及时采收

根据市场需求和莲花白自然商品成熟度，及时采收。采收所用工具要清洁、卫生、无污染。

2．采后处理

剔除外叶，砍去短缩茎，留下完整、清洁的叶球。根据产品大小分级包装，应避免包装、运输、储藏中的二次污染。包装技术按 GB/T10158 执行，产品质量应符合 DB51/335 要求。

第十四章
大　　蒜

一、品种选择

因地制宜选择品质好，熟性适合，符合目标市场需求的品种：如特早熟品种云顶早；早熟品种雨水早、二水早、彭县早蒜等；以及中、晚熟品种如红七星、彭县迟蒜、软叶子等。蒜种质量应符合 GB8079 要求。

二、精选蒜种

播种前选择蒜瓣肥大、无伤口、无病斑、无虫眼、蒜皮完整的蒜瓣作蒜种。

三、适时播种

栽培采用直播。作蒜头、蒜薹栽培的一般在 9 月中下旬至 10 月上旬播种；早熟品种提前到 8 月下旬至 9 月上旬播种；作蒜苗栽培的最适播期为 7 月至 10 月。大蒜播种量为每亩 90～150 千克，早熟品种大蒜用种量大，迟熟品种大蒜用量少。

四、整地施肥

1. 土地整理

精耕细作，深沟高厢，厢面平整，沟深15～30厘米，沟宽30厘米，厢宽（包沟）3米。

2. 施用基肥

一般亩用腐熟有机肥1500～2500千克、尿素10～15千克氮肥、过磷酸钙25～50千克、硫酸钾10～15千克；或换用等量养分的复混肥。

五、合理密植

采用穴栽或沟栽，一般行距17～20厘米，株距10～13厘米。作蒜苗栽培时，播种密度加大1倍。每穴播1～3瓣大蒜。播后可施用清粪水，然后覆土、覆盖稻草。

六、田间管理

1. 苗期管理

在幼苗长出1～2片真叶时，每亩结合浇水追施尿素3～5千克，并拔除杂草。

2. 蒜瓣和蒜薹分化期管理

一般灌两次水，第一次在立春前后；第二次在有30%大蒜抽薹时灌薹期水。两次灌水可根据当时苗情长势情况，亩撒施尿素5千克和硫酸钾5千克。

3. 抽薹期管理

蒜薹采收完后，若土壤过干，要灌一次跑马水，保持土壤湿润。蒜头采收前 5 ~ 7 天停止浇水。

七、病虫害综合防治

严格按照 GB/T8321 和 DB51/337 要求执行。当病虫害发生达到防治指标（适期）时，宜选用高效、低毒、低残留农药进行喷雾，根据病虫害情况间隔 7 ~ 10 天再交替使用农药 1 ~ 2 次，使用农药后必须达到安全间隔期再采收产品。不使用国家和省、市规定禁用的高（剧）毒、高残留农药。建议使用 PB—16 型或 WS—16 型手动喷雾器、新型背负式机动喷雾喷粉等新型施药器械。

（1）叶枯病：发病初期，用 61% 杀毒矾可湿粉剂 100 克 500 倍液或用 75% 百菌清可湿粉剂 100 克倍液喷雾。

（2）紫斑病：在发病初期，用 75% 百菌清可湿性粉剂 500 ~ 600 倍液，或 64% 杀毒矾可湿性粉剂 500 ~ 600 倍液喷雾。

（3）病毒病：在发病初期，用 1.5% 植病灵乳剂 1000 倍液，或 20% 病毒日可湿性粉剂 500 倍液喷雾。

八、采收及采后处理

1. 及时采收

根据市场需要，蒜苗、蒜薹和蒜头分批采收。蒜薹一般在蒜薹伸出中鞘 15 ~ 20 厘米，蒜薹尖弯曲时，于晴天下午及时采收。作加工用的蒜头，一般在蒜薹收获 15 天左右采收；作干蒜用的在叶片枯黄时收获。采收过程中所用工具应清洁、卫生、无污染。

2. 采后处理

剔除病、虫、伤蒜苗、蒜薹和蒜瓣；对产品分级包装，包装技术按 GB/T10158 执行。产品质量应符合 DB51/335 的要求。

第十五章
韭　菜

一、品种选择

选用抗逆能力强、高产、商品性好、符合目标市场的品种，如：西（犀）蒲韭、马蔺韭等。种子质量符合GB8079的要求。

二、播种育苗

1．苗床准备

宜选择土壤肥沃、疏松、排灌方便，前作非葱韭类蔬菜的壤土作苗床地。播前亩施腐熟人畜粪2000～3000千克，耙平作厢。

2．种子处理及催芽

采用当年收新鲜种子，播种前晒种2～3天，采用干籽播种或进行种子处理：晒种后用40℃温水浸种24小时，除去秕籽和杂质，将种子的黏液洗净后，捞出用纱布包好放在18℃～22℃的温度条件下催芽2～3天，催芽期间每天用清水淘洗一次，待60%～70%种子露白即可播种。

3. 适时播种

春、秋季都可播种。一般春播韭菜，播期为3月下旬至4月上旬。

4. 播种方式

播种可分为撒播和条播。播前浇足底水，可直到苗高6.6厘米左右开始浇水；未浇足底水的，一般播后1~2天浇头水、隔3~4天浇二水、再隔3~4天浇三水。撒播是把种子均匀地撒在沟底，然后覆盖过筛细土1厘米左右，条播是在沟底用手指划开2条相距10厘米左右的线沟，深约1厘米，再将种子均匀地撒入沟里，用笤帚轻轻的扫一遍。播种后在浇水前要镇压一遍。

5. 用种量

苗床地亩用种4~5千克，可定植10亩菜地。

6. 苗期管理

出苗后注意清除杂草；保持床土湿润；苗高10~13厘米可追肥1~2次。

三、定植

1. 土地选择

宜选择肥沃、土层深厚、排灌方便的土壤，并与百合科蔬菜实行2~3年轮作。

2. 整地施肥

定植前深翻土地25~30厘米，炕土7~10天，底肥以腐熟有机肥为主，一般每亩用腐熟有机肥4000~5000千克、过磷酸钙30~40千克、硫酸钾8~10千克或等量养分的复混肥。肥料与土壤充分混匀，然后耙平，随后按80厘米的间隔开沟，沟深20~25厘米，将土埂扶直扶平，再从两侧把土埂拍平拍实，最后把沟底整细推平播种。

3. 适时定植，合理密植

春播韭菜定植期为9月中下旬至10月上旬，定植苗高17~20厘米。定植前将苗掘起；并将须根先端剪去，留2~3厘米，再将叶子先端剪去一段。

青韭株行距7~10厘米×33厘米，韭黄株行距7~10厘米×65~80厘米，每窝1~3株，栽植深度以分蘖节（即叶梢与叶身发杈处），不埋入土为宜。栽后浇定根清粪水。

四、田间管理

1. 肥水管理

整个生长期施肥以氮肥为主，适当配合磷钾肥。缓苗后结合中耕除草追肥一次，以后每隔15~20天追一次肥。追肥先淡后浓，每次亩施腐熟有朵肥1000~1500千克，每收割一次青韭，追肥一次。一般结合追肥灌水，雨天注意排水。

2. 软化栽培

（1）挑选健壮、无病虫害、无缺苗断垄的青韭作软化栽培。当青韭长到50厘米时，施第一次肥，每亩用复混肥30~60千克干施，也可渗和腐熟农家肥撒施，同时进行第一次培土，春秋季培土到“叉口”处，夏季培土到离“叉口”以下3厘米处，冬季培土应高于“叉口”；当叶梢又长出3~6厘米时（离第一次施肥70~90

天）作第二次施肥培土，施肥种类及施肥量与第一次相同，此后可转入黄化处理，也可进行第三次培土（不再施肥）再进行黄化处理。经过2~3次追肥培土后，将韭叶割下，韭叶割取的长度依季节而定。冬季割口低于“叉口”1厘米，夏季高于“叉口”1厘米，春秋季与“叉口”齐，割下韭叶后整理韭菜桩，清除残留的枯黄叶片。

（2）黄化处理：放置遮光蓬或黑膜，遮光蓬不能透光，也不能漏雨，但又要从底部有一定的通风量，放置时要使底部有一定的空隙，遮光蓬接头处要重叠10厘米，将整行的蓬两端用稻草或其他物品堵住，春秋两季需要遮光15~20天，夏季12~15天，冬季25~30天。

3. 收割后的管理

每次收割后，待2~5天韭菜伤口愈合，新叶快出时进行浇水追肥，每亩施腐熟粪肥400~500千克，尿素8~10千克，复混肥8~10千克，并进行培土。等本茬青韭生长良好，鳞茎内贮积足够养分，再次进行韭黄生产。

五、病虫害综合防治

1. 农业防治

实行轮作；培育壮苗；合理密植；清洁田园；深翻炕土，减少病虫源；科学施肥。

2. 物理防治

频振式杀虫灯诱杀害虫；田间悬挂黄板诱杀蚜虫等；田间铺银灰膜或悬挂银灰膜条驱避蚜虫等。

3. 生物防治

保护和利用天敌。选用植物源农药、微生物、农用抗生素等生物制剂防治病虫害。

4. 化学防治

严格按照 GB/T8321 和 DB51/337 要求执行。当病虫害发生达到防治指标（适期）时，宜选用高效、低毒、低残留农药进行喷雾，根据病虫害情况间隔 7 ~ 10 天再交替使用农药 1 ~ 2 次，使用农药后必须达到安全间隔期再采收产品。不使用国家和省、市规定禁用的高（剧）毒、高残留农药。建议使用 PB—16 型或 WS—16 型手动喷雾器、新型背负式机动喷雾喷粉等新型施药器械。

六、采收及采后处理

1. 及时采收

根据市场需求和青韭或黄韭自然商品成熟度及时采收（收割），采收过程中所用工具应清洁、卫生、无污染。

2. 采后处理

剔除老、黄叶，产品要清洗干净，清洗用水应符合饮用水标准。产品分级包装，应避免包装、运输、贮藏中二次污染。包装技术按 GB/T10158 规定执行。产品质量应符合 DB51/335 的要求。

第十六章

落葵（木耳菜、染浆叶）

一、品种选择

分红梗落葵和青梗落葵两种类型。宜选用青梗落葵品种。种子质量优良。

二、栽培方式

一般采用直播，也可育苗移栽。

三、整地施基肥

1. 土壤选择

宜选择疏松、肥沃、富含有机质的壤土。

2. 苗床整地

播种前先深翻炕土、耙平。

3. 施肥作厢

结合整地，施入基肥，每亩施腐熟有机肥 1000 ~ 1500 千克、磷肥 25 ~ 30 千克或复混肥 20 ~ 30 千克作基肥。然后开沟作厢。一般夏播厢宽包沟 3.3 米，秋播厢宽包沟 1.7 米。

4. 适时播种

从春到秋都可栽种，当气温稳定在 20℃以上，即可播种栽培。1 月下旬至 3 月宜采用设施栽培。

5. 用种量

可撒播或条播。撒播每亩用种量 6 ~ 7 千克；条播用种量 1 ~ 1.5 千克。

6. 播种

先将厢浇透水，水渗下后再覆 0.5 厘米细土，播种，播后覆盖 1.5 ~ 2 厘米。最后盖薄膜或遮阳网。

四、田间管理

1. 勤除杂草

出苗后，及时拔除杂草。

2. 合理施肥灌水

追肥应在采收后进行，宜采用速效氮肥，一般尿素亩施用量为 15 千克。采收一次应追一次水肥。

3. 搭架牵蔓

蔓长 30 厘米及时搭架，并尽早除去花枝。

五、病虫害综合防治

1. 农业防治

实行轮作，合理密植，及时拔除病重株，清洁田园；深翻炕土，减少病虫源；科学施肥。

2. 物理防治

田间悬挂黄板诱杀蚜虫、潜叶蝇等；田间铺银灰膜或悬挂银灰膜条驱避蚜虫等。

3. 生物防治

保护有益生物。选用植物源农药、微生物、农用抗生素等生物制剂防治病虫害。

4. 化学防治

严格按照 GB/T8321 和 DB51/337 要求执行。当病虫害发生达到防治指标（适期）时，宜选用高效、低毒、低残留农药进行喷雾，根据病虫害情况间隔 7 ~ 10 天再交替使用农药 1 ~ 2 次，使用农药后必须达到安全间隔期再采收产品。不使用国家和省、市规定禁用的高（剧）毒、高残留农药。建议使用 PB—16 型或 WS—16 型手动喷雾器、新型背负式机动喷雾喷粉等新型施药器械。

（1）紫斑病：发病初期，用 75% 百菌清可湿性粉剂 1000 倍液，或用 50% 速克灵可湿性粉剂 1000 倍液喷雾。

（2）灰霉病：发病初期，用 75% 百菌清粉剂 800 ~ 1000 倍液，或用 50% 速可灵可湿性粉剂 1500 倍液喷雾。

六、采收及采后处理

1. 及时采收

当植株长至 6 ~ 7 片叶时，即可采收。一般前期留 3 ~ 4 片叶摘收嫩梢，以后摘叶上市。采收过程中注意清洁、卫生。

2. 采后处理

剔除病、老、黄叶，清洁产品，清洗用水符合饮用水的要求。产品分级包装，包装技术按 GB/T10158 执行。产品质量应符合 DB51/335 要求。

第十七章

大蕹菜

一、品种选择

主要选用成都地方良种大蕹菜（又叫水蕹菜），该品种叶片较小，质地柔嫩，生长期长，产量高。

二、定植

1. 田地整理

(1) 地块选择：选择土壤肥沃，排水良好的壤土田块。

(2) 整地施肥：一般亩用腐熟有机肥 3000～4000 千克、过磷酸钙 30～50 千克、硫酸钾 15～20 千克；或按上述无机肥用量折算养分含量选用复混肥。将地整平整细，按要求开厢。

2. 合理密植

定植一般采取横行，株距 15～20 厘米

3. 定植时间

于 3 月下旬至 4 月上旬，天气晴朗时定植，栽后浇足定根水，采用小拱棚套地膜栽培或采取大棚套小拱棚

套地膜栽培，可提早到2月下旬。

三、田间管理

种藤返青后，进行第一次追肥，亩用速效性氮肥5~10千克；采收第一批产品后，进行第二次追肥，亩用尿素10~15千克；以后每采收一次追一次肥，结合追肥进行灌水。

四、病虫害综合防治

1. 农业防治

实行轮作，合理密植；清洁田园；深翻炕土，减少病虫源；科学施肥。

2. 物理防治

频振式杀虫灯诱杀害虫；田间悬挂黄板诱杀蚜虫等；田间铺银灰膜或悬挂银灰膜条驱避蚜虫；人工摘除害虫卵块和捕杀害虫等。

3. 生物防治

保护害虫天敌。选用植物源农药、微生物、农用抗生素等生物制剂防治病虫害。

4. 化学防治

严格按照GB/T8321和DB51/337要求执行。当病虫害发生达到防治指标（适期）时，宜选用高效、低毒、低残留农药进行喷雾，根据病虫害情况间隔7~10天，再交替使用农药1~2次，使用农药后必须达到安全间隔期再采收产品。不使用国家和省、市规定禁用的高（剧）毒、高残留农药。建议使用PB—16型或

WS—16 型手动喷雾器、新型背负式机动喷雾喷粉等新型施药器械。

（1）白锈病：发病初期，用 1∶1 波尔多 150～200 倍液，或 65% 代森锌 50 倍液，或 75% 百菌清 60 倍液等喷雾。

（2）螨：发病初期，用 57% 奥美特乳油 1000～1200 倍液，或 1.8% 阿维菌素乳油 5000 倍液喷雾。

五、采收及采后处理

1．及时采收

适时采收，一般在藤蔓 30 厘米左右时第一次采收，在采收第 1～2 次时，留基部 2～3 节；采收 3～4 次后，应适当重采，仅留基部 1～2 节即可。

2．采后处理

去除病、虫、老、黄叶，产品要清洗干净，清洗用水符合饮用水的要求。对产品进行分级、包装。应避免包装、运输、储藏中的二次污染，包装技术按 GB/T10158 执行。产品质量应符合 DB51/335 质量标准。

第十八章
生　姜

一、品种选择

姜的栽培采用老熟的地下根状茎（种姜）进行无性繁殖。可选用竹根姜、南姜等优良地方品种。

二、定植

生姜的栽培采用条沟直播。

1. 种姜选择

2. 种姜处理

种姜于播种或催芽前用1∶120的波尔多液浸种10～20分钟，或用300毫克农用链霉素兑水1升＋“加收米”500倍液，浸种20～30分钟，或用草木灰浸液浸10～20分钟进行消毒，晾干催芽。凡肉质变色、有水渍状、表皮脱落的种姜，已感染病害，应予淘汰。

3. 种姜催芽

温床维持在20℃～25℃，并保持湿润，进行催芽，一般经20～30天，当芽长约1厘米或须根3厘米时及时栽植。

三、栽培

1. 土地选择

选择土层深厚、有机质丰富、保水保肥、能排能灌，实行2~3年轮作或水旱轮作的地块。近2~3年发生过姜瘟的地块不能种姜。

2. 土地整理

深翻炕土，于定植前整细、整平并整理出条沟。

3. 施用底肥

一般亩用腐熟有机肥2500~3000千克、25~30千克过磷酸钙、10~15千克硫酸钾，或按上述无机肥养分含量选用复混肥。采用地膜覆盖栽培的可适当加大底肥的用量。

4. 适时定植

（1）栽植方式：可露地栽培，或地膜覆盖栽培，或设施栽培。

（2）定植时间：采用小拱棚套地膜覆盖，或大、中棚套地膜覆盖栽培的，一般可于3月初定植。采用地膜覆盖栽培的可在3月中、下旬定植。采用露地栽培的则在4月中、下旬定植。

5. 合理密植

一般采用条沟排栽，株距23~27厘米、行距33厘米左右，一般亩用种姜200~250千克。定植时种姜芽向上依次并好后，再用细土盖在姜种上，厚度约7厘米，然后用腐熟有机肥粪水按1:3兑水泼匀。实行保护地栽培的，盖好地膜和棚膜。

四、田间管理

1. 追肥

应多次追肥。一般在苗高 15 ~ 20 厘米开始施肥，以后每隔 20 天左右施肥一次。注意增施钾肥。

2. 灌水

灌溉和排水要适时进行：栽种后出苗前，土面干燥时应浇水；出苗后到收获前，土壤不能干旱，尤其是进入旺盛生长期后，若气候干旱，应及时灌水。气温较高时宜在傍晚土壤退热后灌水。

3. 中耕培土

结合施肥、中耕除草进行培土。若以收嫩姜为主的，培土应深一些。整个生长期培土次数 3 次左右。

五、病虫害综合防治

1. 农业防治

姜种消毒；实行轮作；采用深沟窄厢栽培；合理密植；及时拔除病重株；清洁田园；深翻炕土，减少病虫源；科学施肥。

2. 物理防治

田间悬挂黄板诱杀蚜虫，人工摘除害虫卵块和捕杀害虫等。

3. 生物防治

保护和利用天敌。选用植物源农药、微生物、农用抗生素等生物制剂防治病虫害。

4. 化学防治

严格按照 GB/T8321 和 DB51/337 要求执行。当病虫害发生达到防治指标（适期）时，宜选用高效、低毒、低残留农药进行喷雾，根据病虫害情况，间隔 7～10 天再交替使用农药 1～2 次，使用农药后必须达到安全间隔期再采收产品。不使用国家和省、市规定禁用的高（剧）毒、高残留农药。建议使用 PB—16 型或 WS—16 型手动喷雾器、新型背负式机动喷雾喷粉等新型施药器械。

（1）腐败病（姜瘟）：发病初期，用 65% 代森锌可湿性粉剂 400～600 倍液喷雾。

（2）玉米螟：发病初期，90% 敌百虫固体，亩用 50～100 克，兑水 50～60 千克喷雾。

六、采收及采后处理

1. 及时采收

根据目标市场需求及时分批采收。采收过程中所用工具要清洁、卫生、无污染。

2. 采后处理

去掉茎叶，将根茎清洗干净，清洗用水符合饮用水的要求。产品进行分级包装，应避免包装、运输、贮藏中的二次污染。包装技术按 GB/T10158 执行。产品质量应符合 DB51/335 要求。

第十九章 二荆条辣椒

一、品种选择

主要选择改良二荆条等。种子质量符合 GB/16715.3 的要求。

二、播种育苗

1. 种子处理

（1）进行种子处理 2~3 天前先晒种 1 天，根据需要选择以下方法进行种子处理。

（2）温汤浸种：用 5~6 倍的 50℃~55℃温水浸种 15~20 分钟，不停地搅拌，直至水温降至 30℃止，继续浸种 4~6 小时（防疫病、炭疽病）。

（3）药剂处理：将种子放入冷水中预浸 10~12 小时，再用 1%硫酸铜溶液浸种 5 分钟，或用 72.2%普利克水剂 800 倍液浸种 30 分钟，然后冲洗并晾干（防疫病、炭疽病）；用 10%磷酸三钠液浸种 20~30 分钟，或用 0.1%高锰酸钾液浸种 20 分钟，然后捞出洗净晾干（防病毒病）。

2. 浸种催芽

将处理后的种子放在25℃～30℃条件下保温保湿催芽，待70%的种子露白后可取出播种。

3. 苗床准备

选择肥沃沙壤土做苗床，1.2～1.4米宽做厢，亩施用腐熟有机肥1000千克左右，过磷酸钙10～15千克，做到细平、疏松后。均匀撒播种子，用过筛消毒细土覆盖种子1厘米左右，加小拱棚保温。

4. 育苗方式

采用冷床育苗。宜采用穴盘、营养钵等护根措施。

5. 播期及用种量

一般可在9月下旬至10月播种育苗；亩用种量50克左右。

6. 苗床管理

(1) 温度控制：出苗期保持棚内温度25℃～30℃，苗出齐后，注意保温、排湿、防冻。

(2) 假植：苗期假植1～2次。

(3) 防治病害：苗期注意防治猝倒病、立枯病。

三、定植

1. 整地施肥

(1) 地块选择：应选择土层深厚，有机质丰富，保水保肥，能排能灌，与非茄科蔬菜实行2～3年轮作的地块。

(2) 土地整理：2月下旬整地，深翻炕土；定植前再翻一次，并施入基肥。结合整地做厢，按1.3米包沟做厢，厢面宽 90 厘米以上，厢沟深 25～30 厘米。

（3）施足底肥：一般亩用腐熟有机肥 3000～4000 千克、过磷酸钙 50～80 千克、硫酸钾 20～30 千克、或因地制宜加硫酸锌 1 千克。

2．适时定植、合理密植

（1）适时定植：根据不同栽培方式选择定植期，一般露地栽培可在 3 月中、下旬气温稳定在 12℃后定植。地膜覆盖栽培，可在 3 月初地温稳定在 10℃后定植。应做到大苗带蕾、带土，选晴天定植移栽。

（2）定植密度：每厢两行，株距 40～45 厘米，每亩 2500～3000 窝，每窝栽双株。

（3）定植时随即浇足定根水，采用地膜覆盖栽培的应将四周压实。

四、田间管理

1．肥水管理

二荆条辣椒整个生长期，灌水应轻浇、勤浇；追肥应由淡到浓；开始结果到盛果期，可追施 50% 腐熟人畜粪尿；进入高温季节，可采用 0.2% 磷酸二氢钾加 0.1～0.2% 尿素作根外追肥。此外，还可在开花结果初期叶面喷施 0.1% 硼肥 1～2 次，立秋前再追施一次肥。亩用 50% 腐熟有机肥 400～600 千克，并加入 6～8 千克尿素等速效肥。

灌溉可结合追肥进行，提倡浇灌、喷灌、滴灌，禁止大水漫灌，注意夏至前必须理好排水沟。

2．植株调整

及时摘除第一级分枝以下的侧枝。

3. 中耕培土

封行前结合追肥进行中耕培土 1 ~ 2 次，中耕宜浅不宜深，保持厢沟排水畅通，做到雨后田间不渍水。

五、病虫害综合防治

1. 农业防治

实施轮作；培育壮苗；采用深沟高厢栽培；合理密植；及时拔除病重株；清洁田园；深翻炕土，减少病虫源；科学施肥。

2. 物理防治

田间悬挂黄板诱杀蚜虫等；田间铺银灰膜或悬挂银灰膜条驱避蚜虫；人工摘除害虫卵块和捕杀害虫等。

3. 生物防治

保护和利用天敌。选用植物源农药、微生物、农用抗生素等生物制剂，防治病虫害。

4. 化学防治

严格按照 GB/T8321 和 DB51/337 要求执行。当病虫害发生达到防治指标（适期）时，宜选用高效、低毒、低残留农药进行喷雾，根据病虫害情况间隔 7 ~ 10 天再交替使用农药 1 ~ 2 次，使用农药后必须达到安全间隔期再采收产品。不使用国家和省、市规定禁用的高（剧）毒、高残留农药。建议使用 PB—16 型或 WS—16 型手动喷雾器、新型背负式机动喷雾喷粉等新型施药器械。

六、采收及采后处理

1. 及时采收：根据市场需求和二荆条辣椒自然成熟度及时分批采收。采收时注意清洁、卫生。

2. 采后处理：采后剔除病、虫、伤果。分级包装。包装技术按 GB/T10158 执行，产品质量符合 DB51/335 要求。

第二十章
瓢儿白

一、品种选择

选择抗病、优质、丰产的品种，秋淡栽培应选择耐热、抗病、生长期较短，植株开展度较小，青邦的品种；冬季栽培宜选择耐寒、抗病、生长期较长、优质、丰产的品种；春季栽培宜选冬性强、抗病、优质的品种。如矮抗青、上海青、七宝青、夏绿等，种子质量应符合 GB16715.2 的要求。

二、栽培方式

可直播或育苗移栽。

三、播种育苗

1. 苗床准备

(1) 苗床地选择：选择土质疏松、肥沃、排灌方便、前作未种过十字花科作物的田块。

(2) 开厢施肥：苗床可做成 1.5 ~ 1.8 米宽的厢(包沟)。亩浇施充分腐熟有机肥 800 ~ 1000 千克，再加入5~10千克过磷酸钙，然后将厢面整平整细。

2. 育苗方式

一般采用露地育苗，秋淡季栽培时可采用遮阳网覆盖育苗，防虫网覆盖育苗。

3. 适时播种

瓢儿白在成都地区周年均可栽培，主要作秋淡季栽培。秋淡季栽培的瓢儿白在6月下旬至8月下旬直播，最好是分期播种、分批上市，一般亩用种量300~800克；育苗移栽在7月上旬至8月上旬播种，亩用种量一般50~100克。

4. 苗床管理

出苗后间苗1~2次，每次间苗后浇一次清淡腐熟有机肥。

四、定植

1. 整地施肥

（1）地块选择：应与非十字花科蔬菜轮作。

（2）施用底肥：亩用腐熟的有机肥1000~2000千克、尿素10~15千克、过磷酸钙5~10千克。

2. 定植时间

幼苗具4~6片真叶、苗龄约25天，选择具有本品种特征的无病虫的健壮幼苗定植到大田。

3. 合理密植

（1）秋淡季育苗移栽的采用行距25~35厘米，株距20~25厘米；其他季节栽培的可根据植株开展度、生长期长短适当稀植。

（2）秋淡季直播适当密植。

五、田间管理

整个生长期可以使用速效性氮肥如尿素追肥2～3次，每次亩用5～10千克。秋淡季栽培时，若遇气候炎热，干燥，应勤浇水。及时中耕、除草。

六、病虫害综合防治

1. 农业防治

选用抗病虫品种；实行轮作；采用深沟高厢栽培；合理密植；清洁田园；深翻炕土，减少病虫源；科学施肥。

2. 物理防治

频振式杀虫灯诱杀害虫；田间悬挂黄板诱杀蚜虫等；田间铺银灰膜或悬挂银灰膜条驱避蚜虫；防虫网全程覆盖栽培等。

3. 生物防治

保护有益生物。选用植物源农药、微生物、农用抗生素等生物制剂防治病虫害。

4. 化学防治

严格按照GB/T8321和DB51/337要求执行。当病虫害发生达到防治指标（适期）时，宜选用高效、低毒、低残留农药进行喷雾，根据病虫害情况间隔7～10天再交替使用农药1～2次，使用农药后必须达到安全间隔期再采收产品。不使用国家和省、市规定禁用的高（剧）毒、高残留农药。建议使用PB—16型或WS—16

型手动喷雾器、新型背负式机动喷雾喷粉等新型施药器械。

(1) 蚜虫：有蚜株率达20%时，用40%乐果乳剂800～1000倍液，或用3%啶虫咪微乳剂1000倍液喷雾。

(2) 病毒病：出苗后，喷0.1%的高锰酸钾或0.1%氯化锌或0.1%硫酸锌，对其有一定的控制作用。

(3) 软腐病：发病初期，用3亿/毫升农抗961水剂150～200倍液，或用72%农用链霉素可溶性粉剂4000倍液，或用80%喷克可湿性粉剂400～600倍液等喷雾。

七、采收及采后处理

1. 及时采收

根据市场需求和瓢儿白自然商品成熟度及时采收，采收过程中注意清洁、卫生。

2. 采后处理

剔除病、虫、老、黄叶，产品要清洗干净，清洁用水应符合饮用水的要求，产品进行分级包装，包装技术按GB/T10158执行，产品质量应符合DB51/335要求。

第二十一章

牧马山地瓜

一、品种选择

牧马山地瓜品种，主要有黄板子、红子、青子、粉红子、白毛子。可因地制宜选择适宜品种。

二、播种

宜直播。

（一）种子处理：先用高锰酸钾 1000～1500 倍液处理 10～15 分钟，用温水清洗后浸种 5～6 小时，在 25℃～28℃温度下催芽 5 天（也可用干种子直接播种），亩用种量 1.5～2.0 千克。

（二）适时播种：一般地膜覆盖栽培的播期为 3 月上、中旬；露地栽培在 4 月初播种。

三、整地施肥

选择微酸性土壤种植，翻耕炕土，3 月上旬将土地整平、整细，结合整地，施入基肥。一般亩用腐熟有机肥 1200 千克、碳铵 30 千克、过磷酸钙 50 千克、硫酸钾肥40千克，或按上述无机肥用量折算养分含量选择复混肥，混合后施用。

四、合理密植

净作地一般按1.3米开厢，每厢种3行，窝距25厘米，每亩6000~7000窝，每窝播2~3个种子，播后盖细土、并浇清水。

五、田间管理

在2叶1心时匀苗，每窝留一壮苗；苗高10厘米左右追施腐熟有机肥800~1000千克；苗高1米时摘心(断尖)，并除掉所有侧芽，只留一个主枝。

六、病虫害综合防治

1. 农业防治

实施轮作；采用深沟窄厢栽培；合理密植；及时进行植株调整；及时拔除病重株；清洁田园；深翻炕土，减少病虫源；科学施肥。

2. 物理防治

田间悬挂黄板诱杀蚜虫、美洲斑潜蝇等；田间铺银灰膜或悬挂银灰膜条驱避蚜虫；人工摘除害虫卵块和捕杀害虫等。

3. 生物防治

保护有益生物。选用植物源农药、微生物、农用抗生素等生物制剂防治病虫害。

4. 化学防治

严格按照 GB/T8321 和 DB51/337 要求执行。当病虫害发生达到防治指标（适期）时，宜选用高效、低毒、低残留农药进行喷雾，根据病虫害情况间隔 7～10 天再交替使用农药 1～2 次，使用农药后必须达到安全间隔期再采收产品。不使用国家和省、市规定禁用的高（剧）毒、高残留农药。建议使用 PB—16 型或 WS—16 型手动喷雾器、新型背负式机动喷雾喷粉等新型施药器械。

（1）病毒病：一般在苗高 20 厘米时，用病毒 A 等药剂防两次即可。

（2）红蜘蛛及蝽象：用乐斯本等防治。

七、采收及采后处理

1. 及时采收

根据市场需要，从 8 月上旬开始，分期分批采收，采收期可从 8 月上旬至 10 月上旬。

2. 采后处理

剔除病、虫、伤瓜，并将地瓜清洗干净，清洗用水应符合饮用水的要求。分级包装，应避免包装、运输、贮藏中的二次污染。包装技术按 GB/T10158 执行。产品质量应符合 DB51/335 要求。